当代图形图像设计与表现丛书

U0682255

创作的品质

——Illustrator

创意设计技法

/ 冯元章 著 /

国家一级出版社
全国百佳图书出版单位　西南师范大学出版社
XINAN SHIFAN DAXUE CHUBANSHE

图书在版编目（CIP）数据

创作的品质：Illustrator创意设计技法 / 冯元章
著．— 重庆：西南师范大学出版社，2015.3（2021.1重印）
ISBN 978-7-5621-7329-8

Ⅰ．①创… Ⅱ．①冯… Ⅲ．①图形软件 Ⅳ.
①TP391.41

中国版本图书馆CIP数据核字(2015)第045513号

当代图形图像设计与表现丛书

主　　编：丁鸣　沈正中

创作的品质——Illustrator创意设计技法　冯元章 著
CHUANGZUO DE PINZHI——Illustrator CHUANGYI SHEJI JIFA

责任编辑：鲁妍妍
整体设计：鲁妍妍

西南师范大学出版社（出版发行）

地　　址：重庆市北碚区天生路2号　　　　邮政编码：400715
本社网址：http://www.xscbs.com　　　　电　话：(023)68860895
网上书店：http://xnsfdxcbs.tmall.com　　传　真：(023)68208984

经　　销：新华书店
排　　版：重庆大雅数码印刷有限公司·刘锐
印　　刷：重庆康豪彩印有限公司
幅面尺寸：185mm×260mm
印　　张：10.25
字　　数：225千字
版　　次：2015年4月 第1版
印　　次：2021年1月 第2次印刷
书　　号：ISBN 978-7-5621-7329-8
定　　价：59.00元

本书如有印装质量问题，请与我社读者服务部联系更换。

读者服务部电话：(023)68252507

市场营销部电话：(023)68868624 68253705

西南师范大学出版社正端美术工作室欢迎赐稿。

正端美术工作室电话：(023)68254657 68254107

序
PREFACE

中国道家有句古话叫"授人以鱼，不如授之以渔"，说的是传授人以知识，不如传授给人学习的方法。道理其实很简单，鱼是目的，钓鱼是手段，一条鱼虽然能解一时之饥，但不能解长久之饥，想要永远都有鱼吃，就要学会钓鱼的方法。学习也是相同的道理，我们长期从事设计教育工作，拥有丰富的实践和教学经验，深深地明白想要学生做出优秀的设计作品，未来能有所成就，就必须改变过去传统的填鸭式教育。摆正位置，由授鱼者的角色转变为授渔者，激发学生学习的兴趣，教会学生设计的手段，使学生在以后的设计工作中能够自主学习，举一反三，灵活地运用设计软件，熟练掌握各项技能，这正是本套丛书编写的初衷。

随着信息时代的到来与互联网技术的快速发展，计算机软件的运用开始遍及社会生活的各个领域。尤其是在如今激烈的社会竞争中，大浪淘沙，不进则退。俗话说"一技傍身便可走天下"，但无论是在校学生，还是在职工作者，又或是设计爱好者，想要熟练掌握一个设计软件，都不是一蹴而就的，它是一个需要慢慢积累和实践的过程。所以，本丛书的意义就在于：为读者开启一盏明灯，指出一条通往终点的捷径。

本丛书有如下特色：

（一）本丛书立足于教育实践经验，融入国内外先进的设计教学理念，通过对以往学生问题的反思总结，侧重于实例实训，主要针对普通高校和高职等层次的学生。可作为大中专院校及各类培训班相关专业的教材，适合教师、学生作为实训教材使用。

（二）本丛书对于设计软件的基础工具不做过分的概念性阐述，而是将讲解的重心放在具体案例的分析和设计流程的解析上。深入浅出地将设计理念和设计技巧在具体的案例设计制图中传达给读者。

（三）本丛书图文并茂，编排合理，展示当今不同文化背景下的优秀实例作品，使读者在学习过程中与经典作品之美产生共鸣，接受艺术的熏陶。

（四）本丛书语言简洁生动，讲解过程细致，读者可以更直观深刻地理解工具命令的原理与操作技巧。在学习的过程中，完美地将设计理论知识与设计技能结合，自发地将软件操作技巧融入实践环节中去。

（五）本丛书与实践联系紧密，穿插了实际工作中的设计流程、设计规范，以及行业经验解读。为读者日后工作奠定扎实的技能基础，形成良好的专业素养。

感谢读者们阅读本丛书，衷心地希望你们通过学习本丛书，可以完美地掌握软件的运用思维和技巧，助力你们的设计学习和工作，做出引发热烈反响和广泛赞誉的优秀作品。

前言
FOREWORD

　　Adobe公司研发的Illustrator因其无与伦比的图形图像设计功能，备受图形和网页设计人员、专业出版人员、商务人员和设计爱好者的喜爱。应用Illustrator可以尽情施展创意才华，创作出各种具有丰富视觉效果的作品。

　　本书从矢量图形文件操作的基础开始，一直到高级图形绘制技法以及印刷出版物设计规范的相关应用结束，用深入浅出的方式讲解，在融合相关知识点的基础上，突出实用性、解析性，这也是本书最显著的特点。知识点的讲解与实际练习相结合，实例典型，任务明确，每个案例都列出详细的技术分析，并以图文并茂的表现形式解析操作方法，以激发读者的设计思路，为深层次的创意设计提供有力的支撑。

　　本书共十章，在每一章内容的开始都有"本章导读"和"精彩看点"，并且对每个章节的知识点都尽量做到条理化，同时再配合操作案例，力求为读者提供更为详尽的讲解。本书前四章为基础应用部分，后六章为高级编辑部分。从Illustrator初学者、平面设计人员、图形和网页设计专业人员以及图形图像设计爱好者的实际需要出发，全面系统地讲解Illustrator的基础知识、各种工具及命令的使用方法，以及图形图像的高级编辑技法，读者还可以根据知识点的需要在本书中找到相关的案例。本书适合于Illustrator初学者和具有一定设计基础的读者学习参考。

　　本书的初衷就是让基础理论和实际应用得到更好的结合，让读者既能便捷地学习应用又能牢固的掌握设计技法。鉴于时间仓促，本书存在许多不足之处，望读者批评指正！

目录 CONTENTS

目录
CONTENTS

第一章
Illustrator 基础

本章导读

　　Illustrator 全称 Adobe Illustrator，简称"AI"，是由 Adobe 公司研发的一款非常优秀的矢量图形软件，Illustrator 以操作简便、对文件格式支持广泛、对图形的编辑功能强大著称。其所编辑的图形无论以何种倍率输出都可以保持较高品质。目前，Illustrator 已广泛应用于平面广告、网页、多媒体设计等诸多领域。

　　本章主要对 Illustrator CS6 进行简单的介绍，包含 Illustrator CS6 的工作区、工具名称与分类、文档与画板的操作、矢量图与位图的特点，以及 Illustrator CS6 新增功能的相关知识。

精彩看点

- Illustrator CS6 的工作区
- 工具名称与分类
- 画板的基本操作
- Illustrator CS6 新增功能介绍

第一节　矢量图与位图

　　图像分为矢量图和位图两种，了解这两种格式的差别能有效地提升我们的工作效率。

一、矢量图

　　矢量图使用路径线（直线和曲线）和渐变色属性描绘图像。在描绘矢量图时，无论怎样绘制和修改对象的线条、颜色、大小、形状等，都不会改变图像质量。矢量图与分辨率无关，它可以在任何分辨率的设备中显示，特别是移动终端、网页、影视等方面。由于矢量图具有以上特点，被广泛使用于平面广告、网页、多媒体设计等诸多领域，如图 1-1 所示。

图 1-1

二、位图

位图又称栅格图像，图像由无数的矩形像素点构成，每个像素都分配特定的颜色值和位置，编辑位图图像实际就是编辑像素，而不是编辑形状。位图图像通常是用连续的色点做细微的排列，广泛运用于照片和数字绘画中。它能很好地表现出细微的光影变化及层次。位图图像和分辨率密切相关，输出打印时如果文件的分辨率达不到要求，就会出现图像锯齿，如图 1-2 所示。

图 1-2

第二节 Illustrator CS6 工作区

一、Illustrator CS6 的工作区概要

Illustrator CS6 的工作区包含菜单栏、应用程序栏、工作状态选项栏、属性栏、选项卡文档栏、工具箱、文档状态栏、调板等。在默认情况下 Illustrator CS6 的工作区如图 1-3 所示。

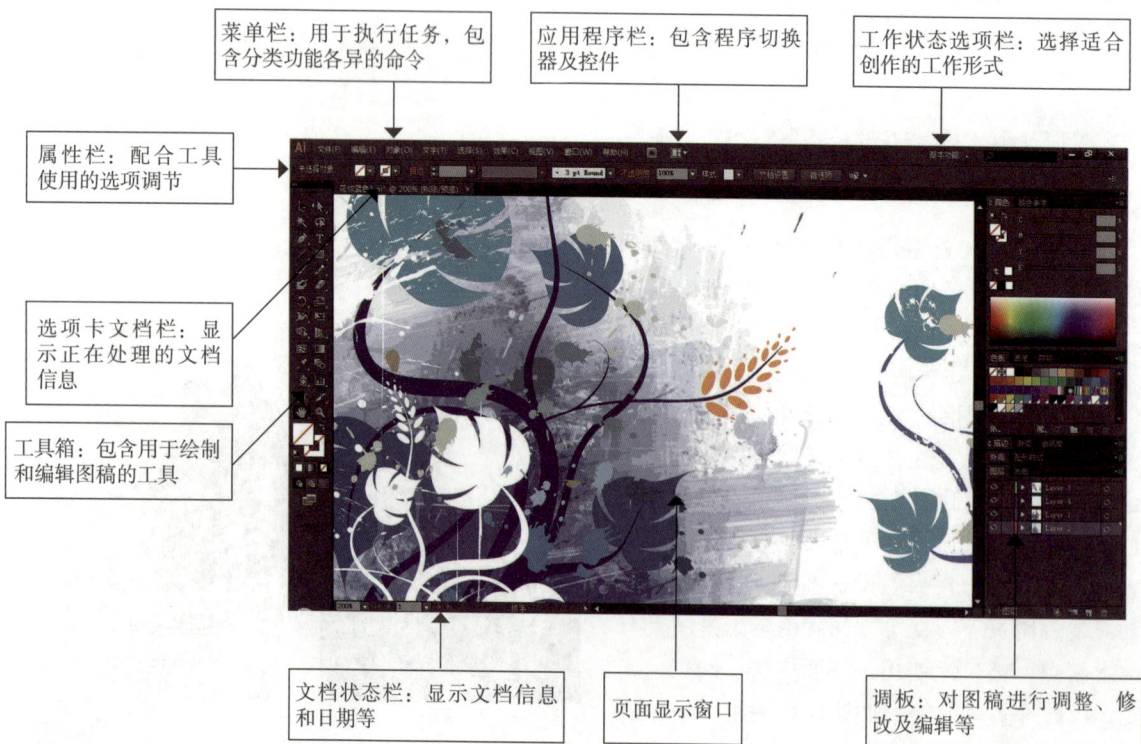

菜单栏：用于执行任务，包含分类功能各异的命令

应用程序栏：包含程序切换器及控件

工作状态选项栏：选择适合创作的工作形式

属性栏：配合工具使用的选项调节

选项卡文档栏：显示正在处理的文档信息

工具箱：包含用于绘制和编辑图稿的工具

文档状态栏：显示文档信息和日期等

页面显示窗口

调板：对图稿进行调整、修改及编辑等

图 1-3

可以通过执行【窗口—工作区】命令设置当前所需要的工作窗口，如图 1-4 所示。

在 Illustrator CS6 中按下【Tab】键可以隐藏或显示所有当前显示的调板，按下【Shift+Tab】键隐藏除工具箱和选项栏以外的调板。

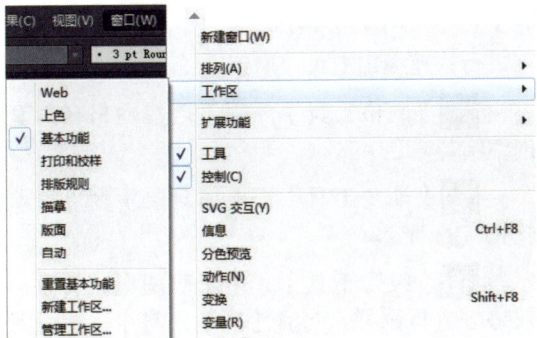

图 1-4

二、工具箱分类组别

Illustrator CS6 中使用工具箱对图稿进行创建与处理。工具箱中的工具按照使用流程分为九大类，分别是：【选择工具】组、【绘图工具】组、【形状改变工具】组、【上色工具】组、【画板工具】组、【移动与缩放工具】组、【文字工具】组、【图表工具】组、【切片与度量工具】组，如图 1-5 所示。

工具箱中很多工具的右下角都会有一个小三角，双击这些带有小三角的工具时会出现其他选项，这些选项包含在选择、编辑、文字、上色、绘图和形状等类别的工具中，如图 1-6 所示。

（一）【选择工具】组

【选择工具】，用来选择对象。

【直接选择工具】，选择对象内的锚

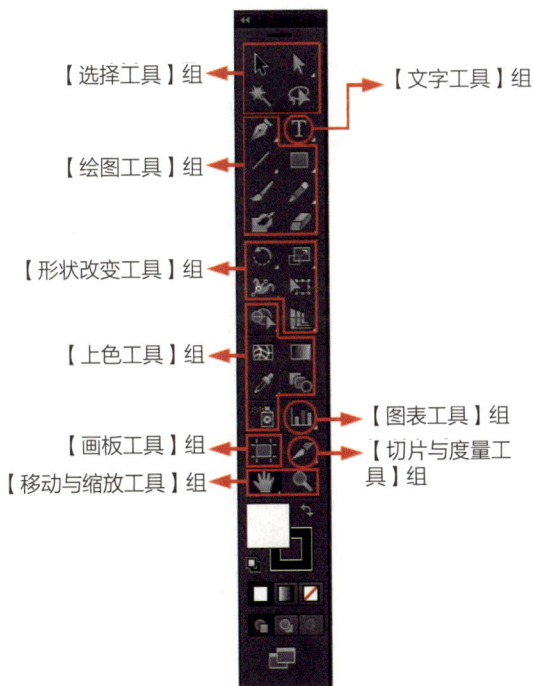

图 1-5

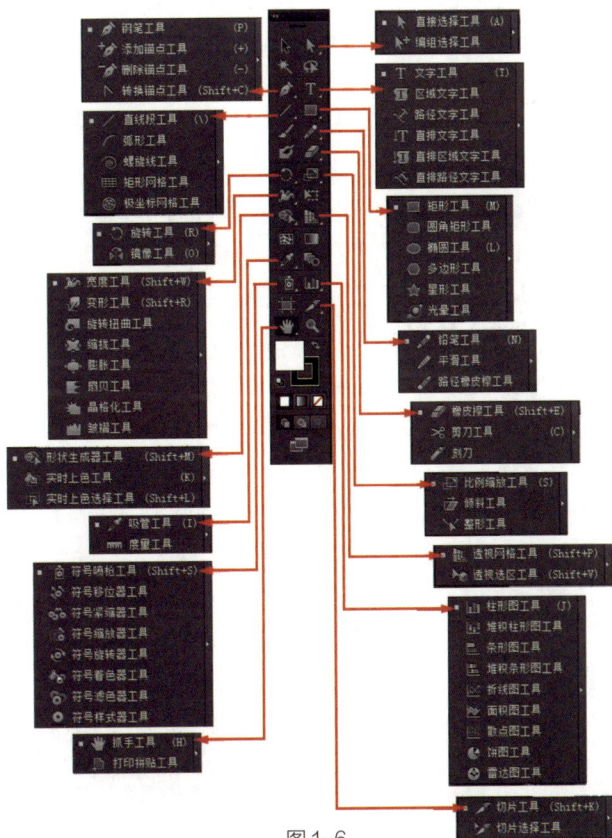

图 1-6

点或者路径段，包含【编组选择工具】选择组内对象。

【魔棒工具】，选择相似属性的对象。

【套索工具】，选择对象内局部区域的点或者路径段。

（二）【绘图工具】组

绘制线段路径来创建对象，包含【添加锚点工具】、【删除锚点工具】、【转换锚点工具】。

快速绘制对象的线性工具，包含【直线工具】、【弧线工具】、【螺旋线工具】、【矩形网格工具】、【极坐标网格工具】。

快速绘制对象的形状工具，包含【矩形工具】、【圆角矩形工具】、【椭圆工具】、【多边形工具】、【星形工具】、【光晕工具】。

【画笔工具】，用于矢量绘画线条、路径图稿、图案和笔刷效果等。

【铅笔工具】，用于绘制和编辑自由线段。包含【平滑工具】，平滑处理路径；【路径橡皮擦工具】，可擦除路径和锚点。

【斑点画笔工具】，在绘制过程中路径会自动扩展和合并堆叠顺序中相邻且具有相同颜色的书法画笔路径。

【橡皮擦工具】，用于擦除任何对象区域。包含【剪刀工具】，在特定点上进行剪切；【刻刀工具】，用于剪切对象和路径。

（三）【形状改变工具】组

【旋转工具】可围绕固定点进行旋转。包含【镜像工具】，可围绕固定轴翻转对象。

【形状变化工具】，包含【比例缩放工具】，可围绕固定点缩放对象；【倾斜工具】，可围绕固定点倾斜对象；【整形工具】，对路径整体细节锚点做进一步调整。

【宽度工具】，对线进行不同宽度的调整。包含【变形工具】、【旋转扭曲工具】、【缩拢工具】、【膨胀工具】、【扇贝工具】、【晶格化工具】、【皱褶工具】，针对路径和形状进行变化处理。

【自由变换工具】，对所选对象进行缩放、旋转或倾斜。

【透视网格工具】，可在透视中创建图稿，包含【透视选区工具】。

（四）【上色工具】组

【形状生成器工具】，可以合并多个简单形状以创建复杂形状。包含【实时上色工具】、【实时上色选择工具】，针对线的内外部进行快速编组上色。

【网格工具】，用于创建网格在封套内编辑与着色。

【渐变工具】，根据对象角度可以调整相应的渐变。

【吸管工具】，用于对图像、文字、效果等进行采样。包含【度量工具】，测量两点之间的距离。

【混合工具】，对创建的多个对象的颜色和形状进行混合。

【符号喷枪工具】，可将选定的符号实例作为集合喷涂于画板上。包含【符号移位器工具】、【符号紧缩器工具】、【符号缩放器工具】、【符号旋转器工具】、【符号着色器工具】、【符号滤色器工具】、【符号样式器工具】，对所喷涂的符号可做进一步调整和处理。

（五）【画板工具】组

创建用于输出尺寸规格的单独画板。

（六）【移动与缩放工具】组

【抓手工具】可以移动画板。它包含打印拼贴工具】，它可调整页面网格，控制图稿的打印位置。

【缩放工具】，针对画板进行缩放。

（七）【文字工具】组

【文字工具】组，创建可编辑文字和文字容器。它包含【区域文字工具】、【路径文字工具】、【直排文字工具】、【直排区域文字工具】、【直排路径文字工具】，针对文字的效果和排列进行编辑。

（八）【图表工具】组

【图表工具】组包含【垂直柱形图工具】、【堆积柱形图工具】、【条形图工具】、【堆积条形图工具】、【折线图工具】、【面积图工具】、【散点图工具】、【饼图工具】、【雷达图工具】。

（九）【切片与度量工具】组

【切片工具】，可将图稿分割成 Web 图像，包含【切片选择工具】。

三、调板

在 Illustrator CS6 中，可以根据需要自由组合、移动、停放、增加和删减调板，通常在工作区右边垂直显示。

（一）调板的增加与移除

在【符号】调板上按鼠标右键，在弹出的菜单内会出现【关闭】选项，选择【关闭】选项，相应的调板就会被移除。如在窗口菜单中选择【画笔】选项，然后将其拖动或停放在所需要的位置上即可增加调板，如图 1-7 所示。

（二）移动调板

移动调板的位置时，调板四周会显示蓝色的线框区域，表明此调板可以整齐地排列和组接到相应的位置中。如果没有拖移到放置区域，此调板就会浮动于工作区的任意位置，如图 1-8 所示。

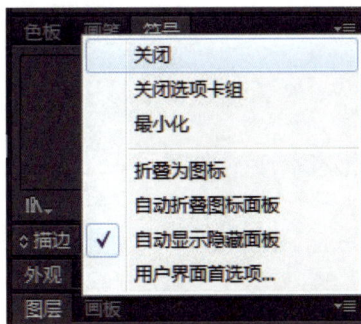

图 1-7

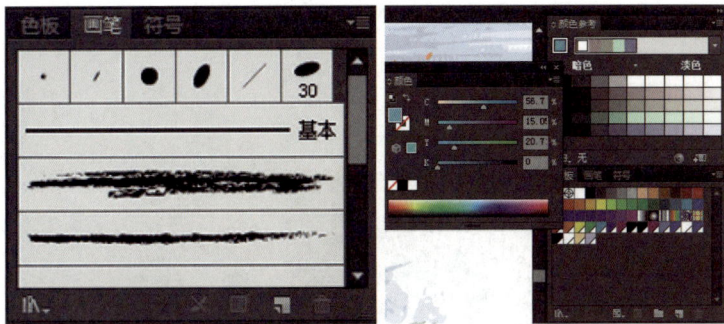

图 1-8

第三节 Illustrator CS6 文档与画板

在 Illustrator CS6 中，虽然所创建的矢量图形与画面大小并没有直接的关系，但我们要掌握新建文档、打开与置入文件、保存文件、画板的建立等方面的知识，以便输出文件。

一、文档操作

（一）新建文档

通过新建文档或通过模板来创建文件。通过新建文档可以创建一个空白文件，而通过模板则可以创建包含特定的预设设计模板的文件，如名片、小册子等内容。

1.新建文档操作

执行【文件—新建】命令，打开新建文档对话框，设置文档各选项中的参数。对新建文档对话框中的各参数说明如下：

名称：输入所要创建的文件名。

画板数量：设置文档的画板数和画板的排列顺序。

按行设置网格：在指定数目的行中排列多个画板。设置行的数量，使其排列的画板数量按行进行相对规则的排列。

按列设置网格：在指定数目的列中排列多个画板。设置列的数量，使其排列的画板数量按列进行相对规则的排列。

按行排列：使画板排成一个直行。

按列排列：使画板排成一个直列。

更改为从右至左的版面：选择此选项，画板按从右至左的顺序显示。

间距：画板之间同时设置水平与垂直距离。

大小、高度、宽度、单位、取向：为画板设置大小、度量单位和版面布局。

出血：设置印刷出版所需要的出血位置。

高级：展开其他选项。

颜色模式：包含 RGB、CMYK 色彩模式。

栅格效果：指定文档的分辨率。在印刷输出时，通常设置为"高"。

预览模式：矢量视图的显示预览效果。可以是栅格化方式或者印刷油墨方式预览。

2. 从模板创建文档

可以在新建文件对话框的左下角点击【模板】按钮创建文档，也可以执行【文件—从模板新建】命令，选择相应的模板打开，如图 1-9 所示。

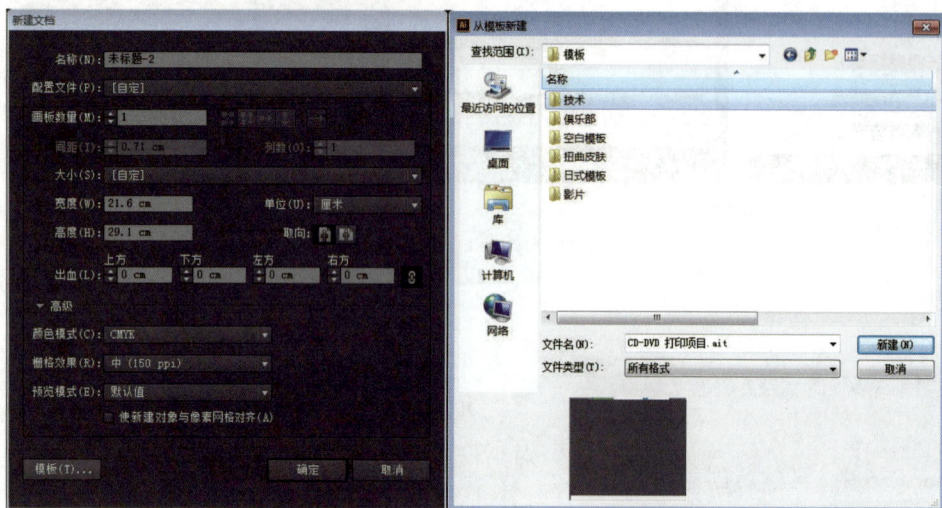

图 1-9

（二）【打开】与【置入】文档

1.【打开】文件

Illustrator 具有广泛的兼容性，既能打开 Illustrator CS6 中创建的后缀为【.ai】的文件，又能打开其他应用程序中创建的文件。

执行【文件—打开】命令，在弹出的对话框中选择需要的文件。

执行【文件—最近打开的文件】命令，即可打开最近保存的文件。

2.【置入】文档

【置入】命令对于文件格式有最为宽泛的兼容性。置入的文件其实是和 Illustrator 链接的，如果需要对其进行编辑，在属性栏中选择【嵌入】按钮即可。例如具有多页的 PDF 文件，可以选择任意页面和剪裁方式进行置入。而对于含有图层的 PSD 文件，可以选择转换图层的方式置入。

二、画板

（一）画板选项

双击【画板工具】█或者单击【窗口—画板】，都可以打开【画板选项】对话框，画板参数如图 1-10 所示。

预设、宽度、高度： 如选择自定义，在宽度和高度上设置画板的尺寸。图中预设为输出大度 16 开尺寸设置了相应的长宽比。

X、Y： 根据工作区标尺设置画板的位置。

约束比例： 可保持画板的长宽比不变。

显示中心标记： 在画板中心位置会显示一个点状标记。

显示十字线： 显示通过画板的每条边中心的十字线。

显示视频安全区域： 显示视频安全参考线，相应的文字或者重要图形应放置于参考线内。

视频标尺像素长宽比： 显示视频的长宽比例关系。

渐隐画板之外的区域： 显示画板之外的区域，较暗。

拖动时更新： 拖动画板区域大小时，画板之外的区域会变暗。

画板： 指示画板数量。

（二）创建多个画板

如果只创建了一个画板，选择【画板工具】在工作区中随意拖出不同大小的四个画板，这些画板可以彼此重叠，可以移动或者删除，还可以在【画板】调板中对这些画板进行重新地排列，如图 1-11 所示。

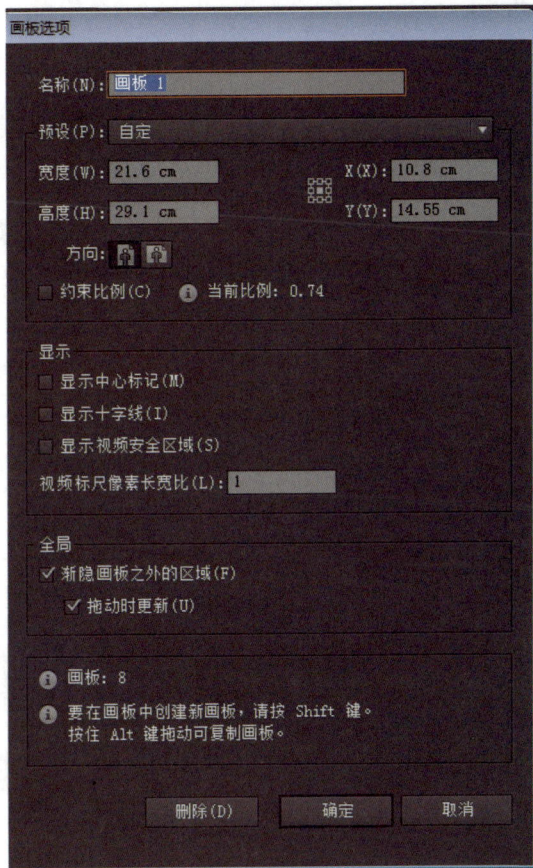

图 1-10

（三）打印画板区域

可以通过显示打印拼贴来查看打印区域。执行【视图—显示打印拼贴】命令来观察与画板有关的打印页面边界，如图 1-12 所示。

每个画板都有最大可打印边界区域。要隐藏画板边界，可执行【视图—隐藏画板】命令，如图 1-13 所示。

所有放置在画布上的对象在电脑屏幕上都是可见的，但是打印机只能打印出打印区域以内的对象。

图 1-11

画板

画布

图 1-12

可打印区域

图 1-13

可打印区域

第四节 Illustrator CS6 新功能介绍

随着 Illustrator 版本的更新，不仅提高了设计工作的效率，在图案功能、描边渐变、图像描摹上都有很大的提高。新增及加强功能如下：

一、性能强化

Adobe Illustrator CS6 支持 OpenCL 加速，具有了 64 位版本，可以调用更多的内存。同时还增加了防崩溃机制，但是由于它不像 Photoshop 那样有明确的设置，实际效果还有待考证。

二、图像描摹增强

Illustrator 从 CS2 版本开始就增加了实时描摹功能，一直到 CS6 其功能和精度还在不断地强化。CS6 版本在菜单窗口下增加了一个图像描摹面板，将以前描摹选项中的复杂参数简单并直观化，让用户能够快速得到自己想要的效果。但是由于复杂位图精确转换成矢量图既耗时耗力，又没有什么意义，所以图像描摹主要还是针对形状的矢量描摹，如图 1-14 所示。

三、图案功能强化

这个功能的更新应该是 Illustrator CS6 最具有代表性的功能之一。在自定义图案中增加了一个面板来进行设置，可以轻松地创建"四方连续填充"。

在【色板】中双击一个图案就可以打开【图案选项】面板，通过【图案选项】面板可以快速创建出无缝拼贴效果，同时还可以对各项参数进行调整，如图 1-15 所示。

图 1-14

图 1-15

四、描边渐变

常见的矢量软件对于路径的描边都不能添加渐变效果，经过重新编码，Illustrator CS6 增加了描边渐变的功能。同时在渐变面板中增加了对于描边渐变的控制参数，如图 1-16 所示。

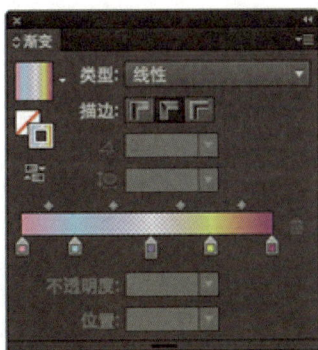

图 1-16

五、其他调整

（一）在首选项中增加【用户界面颜色】和【画布颜色】的控制，如图 1-17 所示。

（二）在颜色面板 RGB 模式（Web RGB 模式）中增加颜色代码名称，这样在用户选择完一个 RGB（Web RGB）颜色后，可以直接得到这个颜色的代码，从而将其复制到其他软件中，如图 1-18 所示。

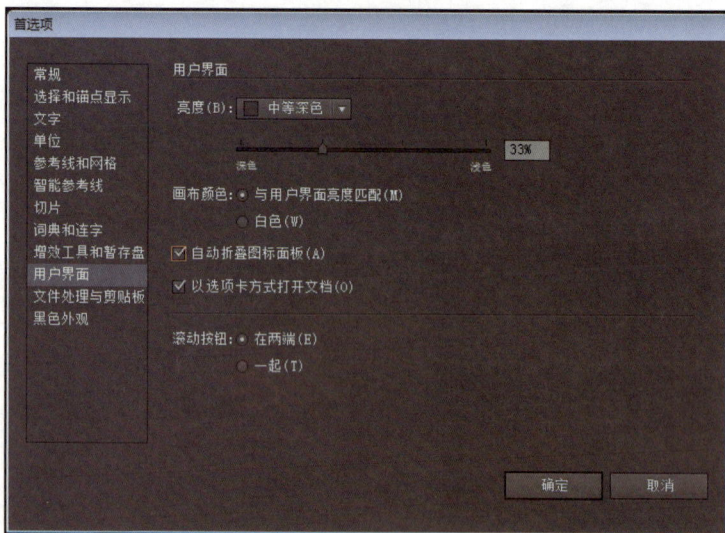

图 1-17

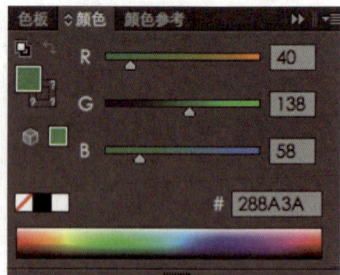

图 1-18

（三）在变换面板中增加了【缩放描边】和【对齐像素网格】的控制选项，【缩放描边】功能的增加，简化了操作步骤，提高了工作效率，如图 1-19 所示。

（四）在【字符】面板中增加了【文字大小写】和【上标下标】按钮。省去了烦琐的翻菜单查找命令，如图 1-20 所示。

（五）可以纵向放置【隐藏工具】，对于一些不熟悉快捷键或者喜欢把工具面板都放在工作窗口中的用户来说，这项功能的调整可以节省不少空间，如图 1-21 所示。

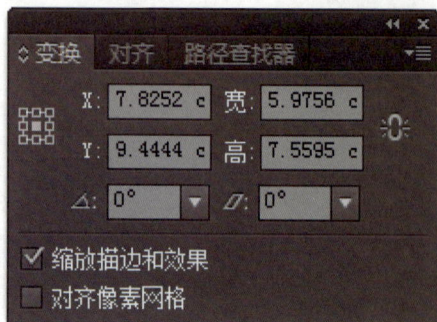

图 1-19

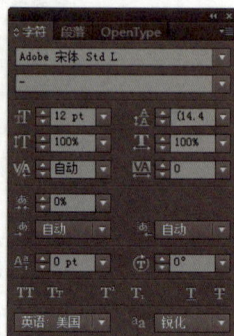

图 1-20

图 1-21

第二章
Illustrator 图形线面的表现基础

本章导读

　　第一章对 Illustrator CS6 进行了简要介绍，本章主要对 Illustrator 中由线面组成的图形及它的功能进行介绍。线的表现基础主要通过对 Illustrator CS6 工具箱中的路径与锚点绘制、直线段绘制、弧线段绘制、螺旋线绘制及【矩形网格工具】与【极坐标网格工具】、【矩形工具】与【圆角矩形工具】、【椭圆工具】、【多边形工具】、【星形工具】、【光晕工具】、【旋转与镜像工具】、虚线的绘制与节奏、透视网格与透视选区、Illustrator 参考线、自然线的绘制等进行讲解；面的表现基础主要通过面的图形和绘制卡通造型案例展开讲解。

精彩看点

- 工具箱中各种线工具的表现基础
- 线面结合及面的表现基础

第一节　线的表现基础

　　Illustrator 工具箱中大量工具的应用都是为了解决线与面所表现的对象。线作为绘制矢量图的基本元素，是构成矢量图像的核心。

一、路径与锚点绘制

　　在 Illustrator 中矢量图的绘制可以通过路径的描绘、控制和编辑来实现。路径是 Illustrator 中最基础和最根本的环节。

　　（一）路径的特征

　　路径由一个或多个直线段或曲线段组成，每个线段的起点和终点都由锚点标记，如图 2-1 所示。

　　路径可以是封闭的，也可以是开放的，它们都能够形成对象的骨架结构，如图 2-2 所示。

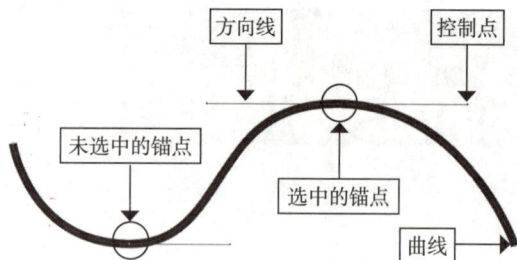

图 2-1

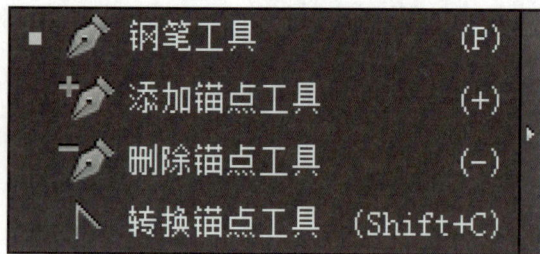

图 2-3

（二）路径的绘制工具组

【路径的绘制工具】组包括【钢笔工具】、【添加锚点工具】、【删除锚点工具】、【转换锚点工具】，如图 2-3 所示。

（三）路径的绘制方法

1.直线与曲线的绘制方法

选择【钢笔工具】，点击两个锚点就可以创建一条直线路径，接着可创建由角点连接的直线路径，继续点击并封闭路径可形成如图 2-4 所示的直线路径。

【钢笔工具】还可以创建曲线路径。选择【钢笔工具】，在页面内按住鼠标左键不放并向下拖拽，会拖出一根方向线，如图 2-5 所示。

横向移动并按住鼠标左键不放，向上拖拽，创建第二个锚点，直到创建出第四个锚点，如图 2-6、图 2-7 所示。

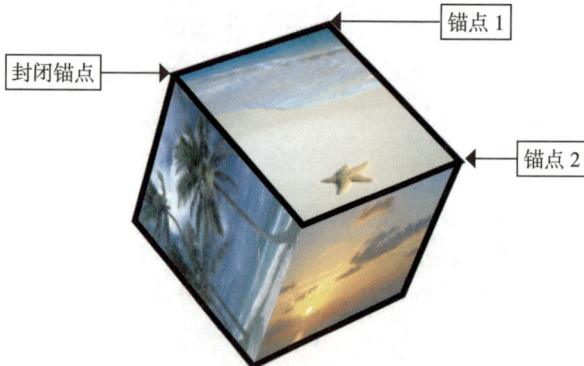

图 2-4

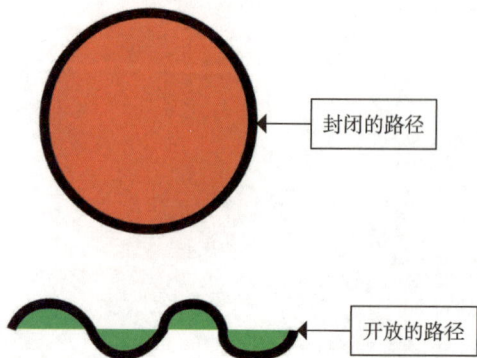

图 2-5 图 2-6

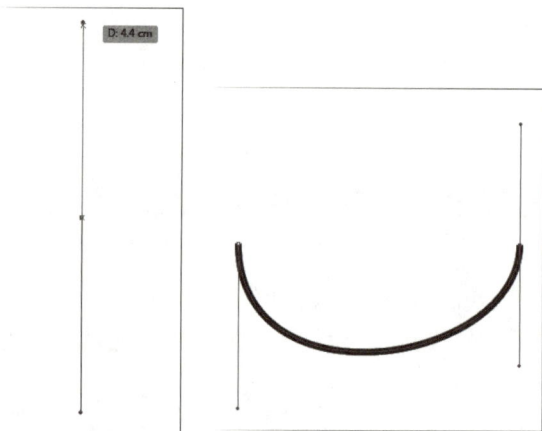

图 2-2

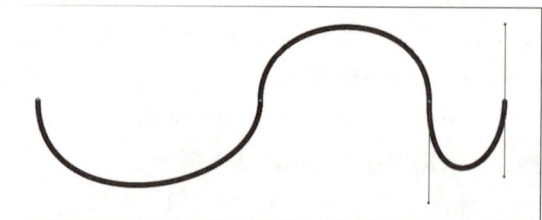

图 2-7

2. 路径的选择

路径段和锚点的选择主要使用【直接选择工具】和【编组选择工具】，还可以使用【套索工具】，如图 2-8 所示。

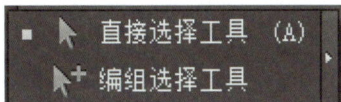

图 2-8

打开【图 2-1 素材 .ai】，选择工具箱中的【直接选择工具】，将鼠标移至路径上点击其中一个锚点，锚点会变成空心状态，这个时候点击该锚点，对其进行选择，如果要选择多个锚点，可按住【Shift】键进行加选，如图 2-9 所示。

也可使用【套索工具】在需要选择的锚点周围拖动鼠标即可选中多个锚点，如图 2-10 所示。

路径段的选择同样可以使用【直接选择工具】，单击两个锚点之间的线段进行，如图 2-11 所示。

3. 路径的连接

路径的连接可以是连接开放路径、连接两个端点和连接多个路径。

（1）连接开放路径

打开【图 2-2 素材 .ai】，选择【钢笔工具】，绘制两条路径，如图 2-12 所示。将鼠标移动到其中一条路径的端点上，选中锚点并点击，如图 2-13 所示。再将鼠标移动到另外一条路径的端点上，点击鼠标左键，原本开放的两条路径就连接完成了，如图 2-14 所示。

图 2-9

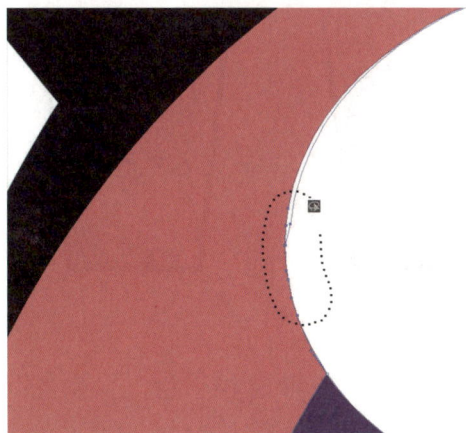

图 2-10

图 2-11

图 2-12

图 2-13

图 2-14

（2）连接两个端点

打开【图 2-3 素材 .ai】，绘制一条如图 2-15 所示的路径，使用工具箱中的【直接选择工具】，选择需要连接的两个端点，如图 2-16、图 2-17 所示。

在属性栏点击连接所选【终点】按钮，就会自动连接两个端点，如图 2-18 所示。

图 2-15   图 2-16   图 2-17   图 2-18

（3）连接多个路径

打开【图 2-4 素材 .ai】，如图 2-19 所示。使用【直接选择工具】框选出所有黑色的路径线，如图 2-20 所示。

执行【对象—路径—连接】命令，将所有的路径连成一条路径，如图 2-21 所示。

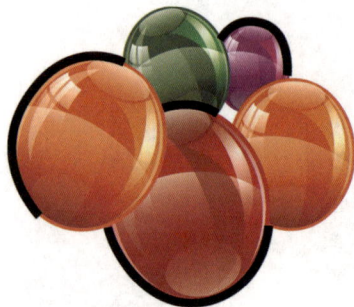

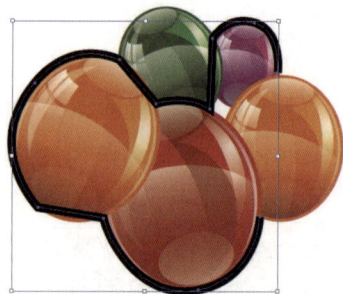

图 2-19   图 2-20   图 2-21

4. 添加、删除、转换锚点

添加、删除、转换锚点功能隐含在【钢笔工具】中，如图 2-22 所示。

通常要在需要的时候添加锚点，如在需要做转折或者提高对象的圆滑程度的时候，锚点数越少的路径越易于编辑，可以删除不必要的锚点来降低路径的复杂程度。

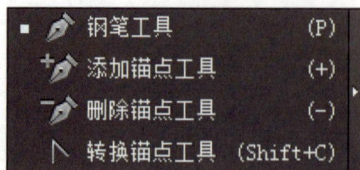

图 2-22

选择工具箱中的【矩形工具】，绘制一个矩形，设置填充颜色C：100、M：0、Y：100、K：0，如图2-23所示。

选择工具箱中的【添加锚点工具】，分别在四条边的中心位置各添加一个锚点，如图2-24所示。

选择工具箱中的【直接选择工具】，向中心拖拽这四个新添加的锚点，如图2-25所示。

选择工具箱中的【删除锚点工具】，在其中的一个锚点上点击鼠标左键，如图2-26所示。

在工具箱中选择【转换锚点工具】，再配合属性栏中的【转换】命令，在中心的三个锚点上分别进行点击和转换，使尖锐的角变平滑，形成曲线，如图2-27所示。

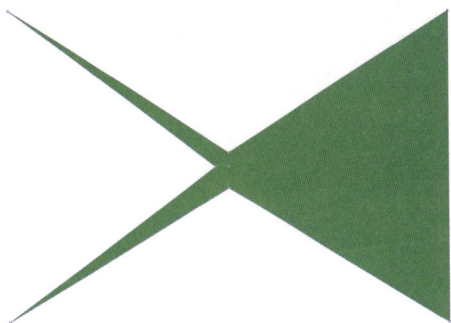

图2-26

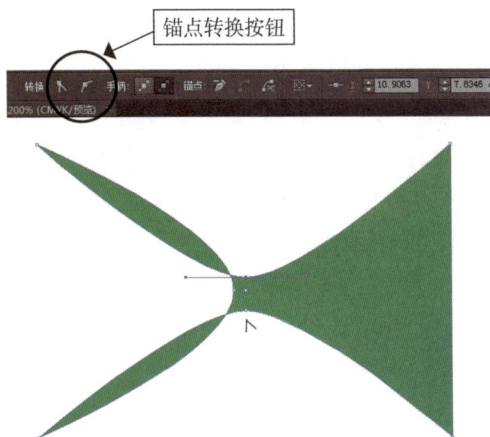

图2-27

二、直线段绘制

直线段主要用于绘制直线造型为主的图形，可绘制各个方向的直线，绘制时只需拖拽鼠标到既定位置即可，如图2-28所示。

图2-23

图2-24

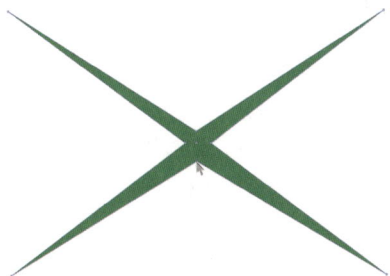

图2-25

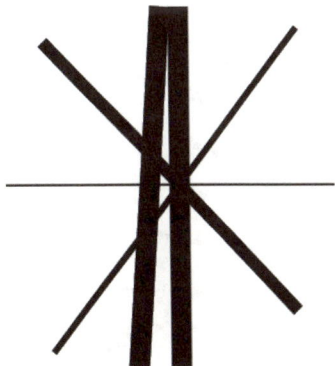

图2-28

使用 Illustrator 绘制工程制图，选择工具箱中的【直线工具】，在页面中单击鼠标左键，弹出【直线段工具选项】对话框，在此对话框中可对直线段的长度和角度进行设置，如图2-29 所示。

三、弧线段绘制

【弧线工具】主要用于绘制各种曲率和长短的弧线，在工具箱中选择【弧线工具】，在页面中按下鼠标左键，拖拽适当的长度释放鼠标，即可绘制弧线，如图2-30 所示。

选择工具箱中的【弧线工具】，在页面中单击鼠标左键，弹出【弧线段工具选项】对话框，在该对话框中设置 X、Y 轴的参数即可绘制精确的弧线。在类型选项中设置路径类型、基线轴（设置弧线的方向，沿 X 或 Y 轴绘制）、斜率（能指定弧线斜率的方向，斜率为 0 时将创建直线），勾选【弧线填色】复选框，以当前颜色为弧线填色，如图2-31 所示。

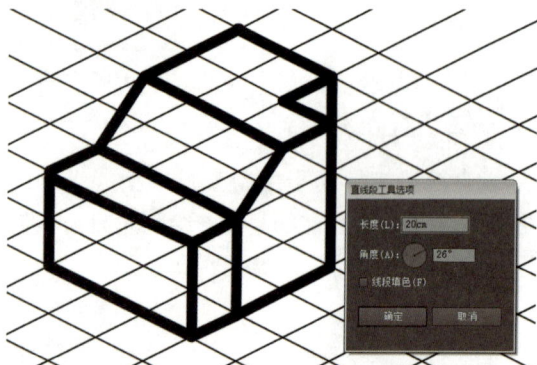

图 2-31

四、螺旋线绘制

【螺旋线工具】主要用于绘制各种螺旋线，选择工具箱中的【螺旋线工具】，在页面中点击鼠标左键，拖拽到适当的大小后释放鼠标，即可绘制螺旋线。绘制精确的螺旋线同样需要在页面中单击鼠标左键，在弹出的【螺旋线】对话框中设置半径（选项中设置中心到螺旋线外的距离）、衰减（设置每一圈螺旋之间应减少的量）、段数（设置螺旋线的线段数）、样式（指定螺旋线方向）等参数，如图2-32 所示。

图 2-29

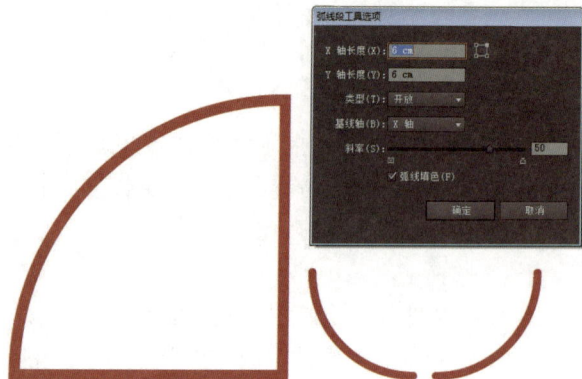

图 2-32

五、【矩形网格工具】与【极坐标网格工具】

（一）矩形网格工具

【矩形网格工具】主要用于绘制矩形的内部网格，并对网格进行精确编辑。

选择工具箱中的【矩形网格工具】，在页面中点击鼠标左键，拖拽到一定大小后释放鼠标，绘制出的矩形网格如图2-33 所示。

图 2-30

选择工具箱中的【选择工具】框选整个矩形网格，执行【窗口—路径查找器】命令，弹出【路径查找器】对话框，单击【分割】按钮即可分割矩形网格。在矩形网格上单击鼠标右键，在弹出的快捷菜单中选择【取消编组】选项，就可以选中其中任意一个单元矩形，如图 2-34 所示。

绘制精确矩形网格时，选择工具箱中的【矩形网格工具】，在页面中点击鼠标左键弹出【矩

六、【矩形工具】与【圆角矩形工具】

（一）矩形工具

【矩形工具】主要用于绘制矩形及正方形。选择工具箱中的【矩形工具】，在页面中点击鼠标左键，拖拽适当的大小后释放鼠标，即可绘制矩形。要进一步绘制精确的矩形，在页面中单击鼠标左键，弹出【矩形】对话框，在该对话框中设置矩形的高度和宽度，如图 2-37 所示。

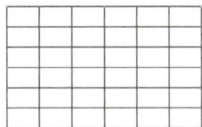

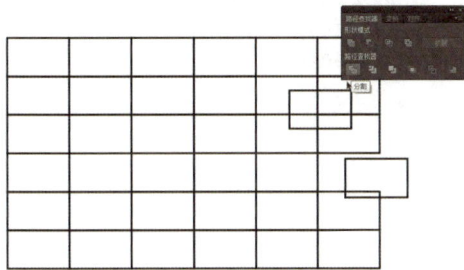

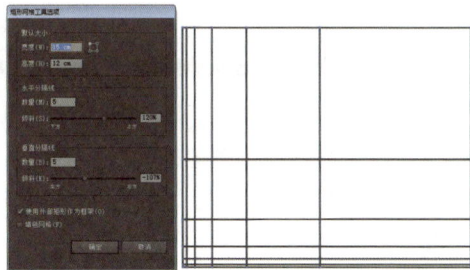

图 2-33　　　　　　　　　　　图 2-34　　　　　　　　　　　图 2-35

形网格工具选项】对话框，在该对话框中设置矩形的大小（宽度和高度）、水平和垂直分隔线（矩形网格横线和竖线的数量，倾斜选项是设置行列间距的递增或递减），勾选【使用外部矩形作为框架】（颜色模式中的填色和描绘被应用到矩形和线的位置上），勾选【填色网格】（勾选后填色描边只应用于线上），如图 2-35 所示。

（二）极坐标网格工具

【极坐标网格工具】可以用来绘制同心圆和指定参数的放射线段。

下面通过制作三等份分割的案例来介绍【极坐标网格工具】的使用。

选择工具箱中的【极坐标网格工具】，在页面空白处单击鼠标左键弹出【极坐标网格工具选项】对话框，在该对话框中将宽度和高度设置为 10cm，同心圆分割线数量设置为 0，倾斜值设置为 0，径向分割线设置为 3，不勾选【从椭圆形创建复合路径】复选框（作用是将同心圆转换为独立路径并每隔一个圆进行填充）及【填色网格选项】（指当前颜色填充网格），点击【确定】按钮，效果如图 2-36 所示。

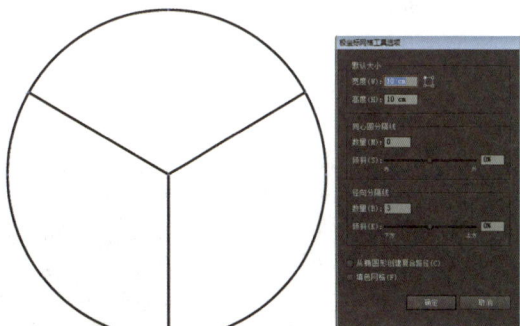

图 2-36

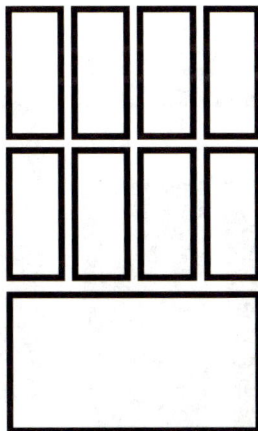

图 2-37

（二）圆角矩形工具

1. 一次成型的圆角矩形的绘制

【圆角矩形工具】主要用于绘制圆角矩形，与【矩形工具】的用法类似。要绘制精确的圆角矩形，则需在页面中单击鼠标左键，弹出【圆角矩形】对话框，在该对话框中除了要设置所需要的高度和宽度外，还需设置圆角的半径，如图 2-38 所示。

图 2-38

2. 直线转角到圆角的转换

打开【图 2-5 素材 .ai 】，选择工具箱里的【选择工具】框选整个图形，如图 2-39 所示。然后执行【效果—风格化—圆角】命令，如图 2-40 所示。

调整好所需要的半径，最终效果如图 2-41 所示。

将此形状进行同比例缩小后，会发现圆角半径随着对象的缩小也会发生改变。如何在同比例缩小后不改变圆角的半径？这种情况下须执行【编辑—首选项—常规】命令，在弹出【首选项】对话框中勾选【缩放描边和效果】选项，这样圆角半径就不会随着对象的放大或缩小而发生变化，如图 2-42 所示。

图 2-39

图 2-41

图 2-40

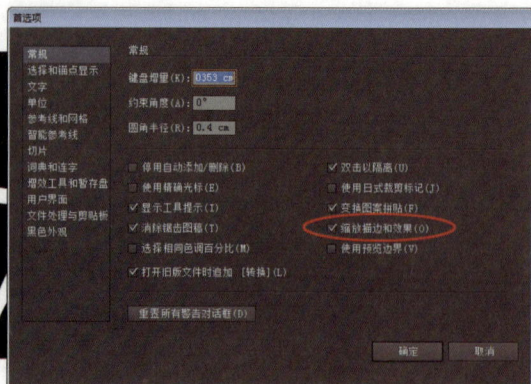

图 2-42

七、椭圆工具

【椭圆工具】用于绘制椭圆形和正圆形，与用矩形工具】绘制矩形的方法类似。【鼠标左键 +Shift】绘制正圆，在页面中单击鼠标左键，弹出【椭圆】对话框，在该对话框中设置高度和宽度，绘制精确的椭圆形如图 2-43 所示。

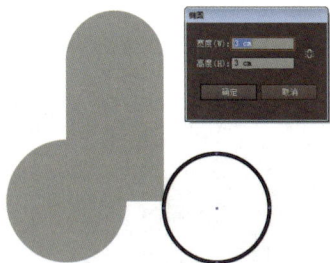

图 2-43

八、多边形工具

【多边形工具】用于绘制任意边数的多边形。选择【多边形工具】，在页面中点击鼠标左键，拖拽到适当的大小后释放鼠标，即可绘制出多边形。如果要绘制 6 边形螺帽则需在页面中单击鼠标左键，弹出【多边形】对话框，将半径选项设置为 2cm、边数设置为 6，点击【确定】按钮。再次点击页面，将半径设置为 1cm，边数设置为 24，点击【确定】按钮，使用【选择工具】框选两个多边形，在【对齐】调板中设置水平与垂直方向上居中对齐，如图 2-44 所示。

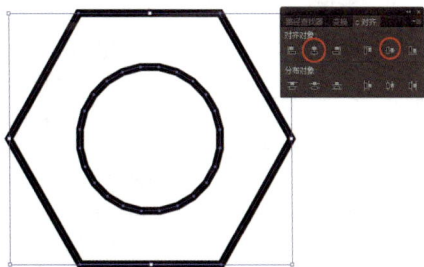

图 2-44

九、星形工具

【星形工具】用于绘制各种星形，与【多边形工具】的用法类似，在页面中直接拖拽就可以绘制出五角星。如果要绘制其他星形，选择【星形工具】，在页面中单击鼠标左键，弹出【星形】对话框，在该对话框中设置所需要的半径 1、半径 2 的长度和角点数即可，如图 2-45 所示。

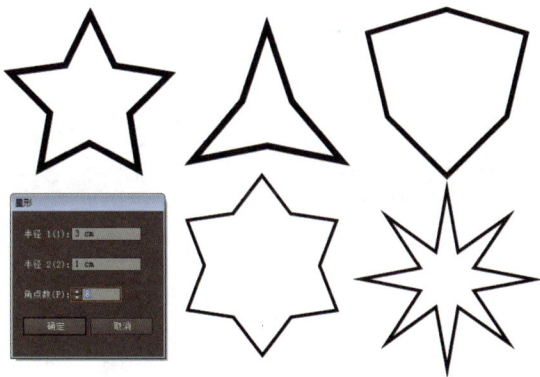

图 2-45

十、光晕工具

【光晕工具】具有模拟镜头光线的效果，由明亮的中心、光晕、射线及光环构成。其中光晕包含中央手柄和末端手柄，通常使用手柄定位光晕及光环。中央手柄是光的明亮中心，光晕路径从中心点开始，如图 2-46 所示。

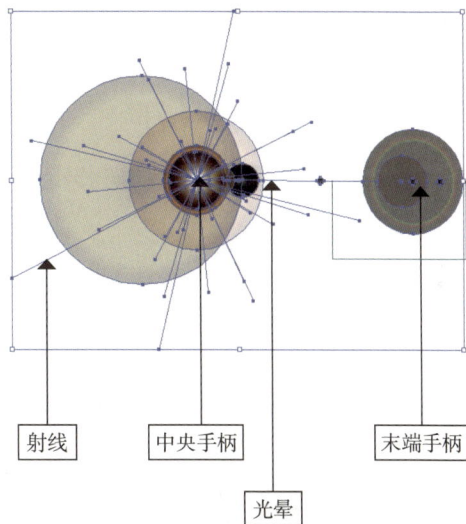

射线　中央手柄　末端手柄

光晕

图 2-46

打开【图 2-6 素材 .ai】，选择工具箱中的【光晕工具】，在天空部分的右上角点击鼠标放置光晕的中央手柄，拖拽出光晕的大小，旋转射线的角度后释放鼠标，在靠画面中心偏上的位置再次点击鼠标左键拖拽释放末端手柄，为光晕添加光环，如图 2-47 所示。

刚才绘制的光晕需要做进一步调整才能达到最佳效果。删除之前绘制的光晕效果，重新选择【光晕工具】，在天空的右上角点击鼠标

（二）箭头的绘制

在工具箱中选择【直线工具】，点击鼠标左键，拖拽出一条直线。在【描边】面板内设置箭头的效果，箭头选项分左箭头和右箭头，可以对左右箭头进行缩放，配置文件选项内有各种样式的线可供选择，如果要进一步编辑箭头，可以执行【对象—扩展外观】命令来使箭头变成可编辑的锚点曲线，如图 2-50 所示。

图 2-47

图 2-48

左键,弹出【光晕工具选项】对话框,勾选【预览】,在居中选项中设置光晕中心整体直径、不透明度和亮度、光晕增大的百分比及光晕的模糊度,再指定射线的数量、最长的射线和射线的模糊度,然后指定环形（光圈中心点与最远手柄的路径距离、光圈数量、最大光圈和光环的角度）,设置完后点击【确定】按钮,如图 2-48 所示。

十一、虚线及箭头的绘制与节奏

（一）虚线的绘制

选择工具箱中的【矩形工具】,在页面中点击鼠标左键,拖拽出一个矩形。执行【窗口—描边】命令,弹出【描边】调板,勾选该调板下方的虚线,设置线的长短和间距及虚线的效果,如图 2-49 所示。

除了设置虚线的各种节奏之外,还可以设置虚线的粗细、端点和边角。

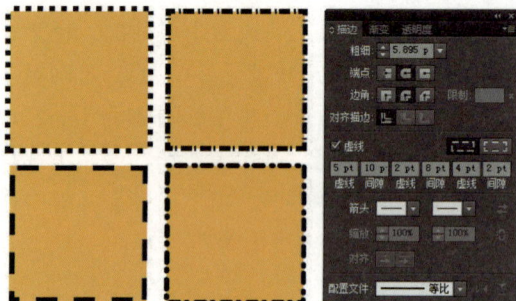

图 2-49

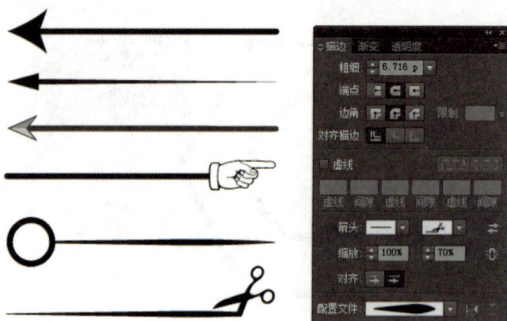

图 2-50

十二、透视网格与透视选区

Illustrator CS6 的【透视网格工具】可以实现空间透视场景效果的制作，能实现平行透视、成角透视和三点透视，它具有视平线和可调节的透视角度等。广泛运用于平面设计、建筑、室内设计等直观图的制作。

选择工具箱中的【透视网格工具】，在页面内点击鼠标左键，即可出现一个默认的成角透视网格，如图 2-51 所示。

如果需要改变透视图，执行【视图—透视网格】命令，根据需要选择相应的透视效果：一点透视如图 2-52 所示，两点透视如图 2-53 所示，三点透视如图 2-54 所示。

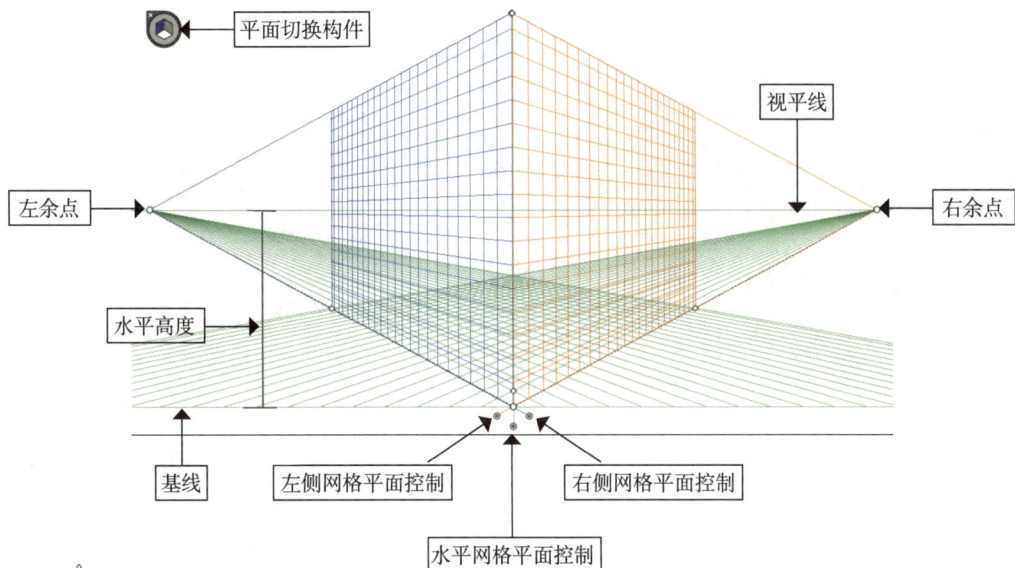

图 2-51

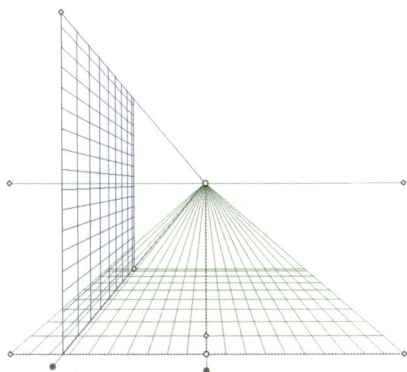

图 2-52

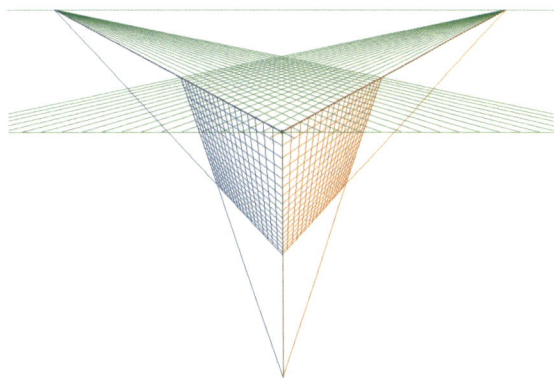

图 2-54

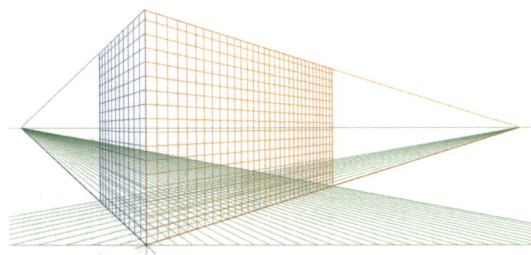

图 2-53

如果需要改变透视角度，则执行【视图—透视网格—定义网格】命令，在弹出的对话框中设置视角、视距和水平高度等。

打开文件【图2-7素材.ai】，如图2-55所示。选择【透视网格工具】，在页面内点击鼠标左键，形成默认透视网格。在工具箱中选择【直接选择工具】，框选图2-55左侧对象，按【Ctrl+G】群组。

【Ctrl+Alt+】快捷键解除对参考线的锁定，以方便选中参考线。拖出一根参考线并选中它，双击工具箱中的【旋转工具】，在弹出的对话框中将角度设置为30度，再双击【旋转工具】，将角度设置为120度。点击【复制】按钮，即可得到30度和150度的参考线，如图2-59所示。

图 2-55

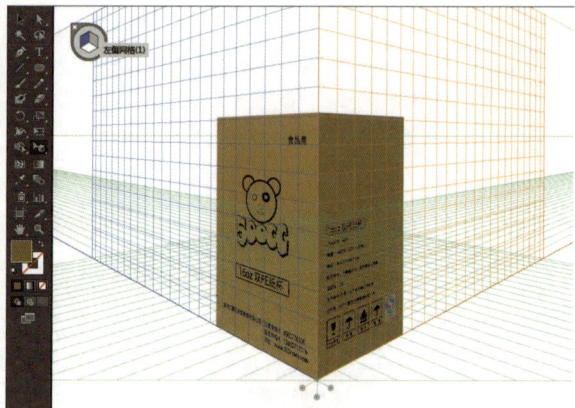

图 2-56

然后在工具箱中选择【透视选区工具】，点击工作区中平面切换构件的左侧网格，将刚才框选的对象拖入到透视网格内的合适位置后释放鼠标，右侧对象的拖入方法与上述方法类似，只需改变成平面切换构件的右侧网格即可，如图2-56所示。

十三、Illustrator 参考线

Illustrator 参考线通常要和标尺配合使用，执行【视图—标尺—显示标尺】命令，也可以按下快捷键【Ctrl+R】显示标尺。新建A4页面，在工具箱中选择【选择工具】，将鼠标移至工作区标尺刻度上，点击鼠标左键向右或者向下拖拽，就会显示蓝色参考线，如果要隐藏参考线，再次按下快捷键【Ctrl+R】即可，如图2-57所示。

Illustrator 参考线也可以进行角度变化和精确设置。下面的例子是关于角度参考线的精确制作。置入文件【图2-8素材.ai】，可以看出，图2-58是由很多根呈30度、90度、150度的线条构成的交错图形。

按快捷键【Ctrl+R】调出标尺，按住

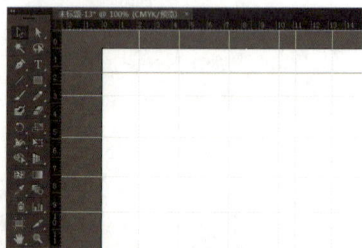

图 2-57

图 2-58

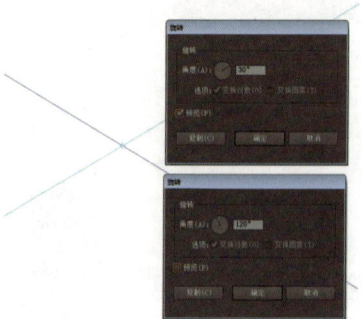

图 2-59

拖一根垂直参考线至 30 度和 150 度参考
线的交汇处，然后将三根参考线选中，按下
【Alt+Shift】（按角度复制），连续按下快捷键
【Ctrl+D】(按上一次复制的属性进行复制)对
其进行复制，如图 2-60 所示。

参考线设置好后对其执行【上色】命
令，然后将参考线转换成普通线条，执行【视
图—参考线—释放参考线】命令或按下快捷键
【Ctrl+Alt+5】，交错的参考线即可转换成普通
线条，此时就可以运用【实时上色工具】对参
考线所生成的封闭块面进行填色了（【实时上
色工具】的使用见本书第三章第四节），如图
2-61 所示。

十四、自然线的绘制

自然线主要是使用【铅笔工具】和【画笔
工具】绘制的模拟自然笔触效果的矢量线条，
也可以通过执行【对象—扩展】命令将线转换
成可填充的面。

（一）【铅笔工具】、【平滑工具】、【路
径橡皮擦工具】、【橡皮擦工具】

1. 铅笔工具

【铅笔工具】是自由绘制开放或者闭合路
径的工具，所绘制的锚点数量及复杂程度都可
以通过对【铅笔工具选项】对话框进行设置。

选择工具箱中的【铅笔工具】，在该工具
上双击鼠标左键，弹出【铅笔工具选项】对话框，
如图 2-62 所示。

在【容差】选项设置中，保真度滑块值越
大，路径锚点就越少，路径就越平滑；值越小，
控制锚点就越多，路径锚点的转角就越尖锐。
保真度的范围从 0.5 像素 ~ 20 像素，平滑度的
滑块指平滑量的多少，范围从 0% ~ 100%，值
越大，路径越平滑。

在其他选项中，填充新铅笔描边就是对所
绘制的铅笔描边应用填充；保持选定，使绘制
好的铅笔线保持选定状态。编辑所选路径，即
确定与选定路径相距的距离是否可以更改或合

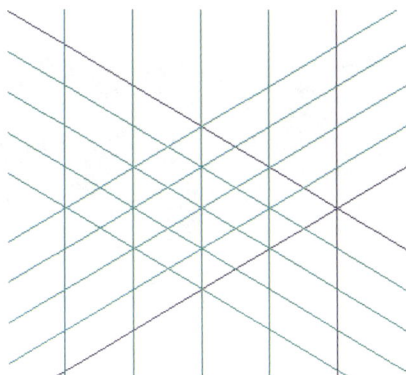

图 2-60

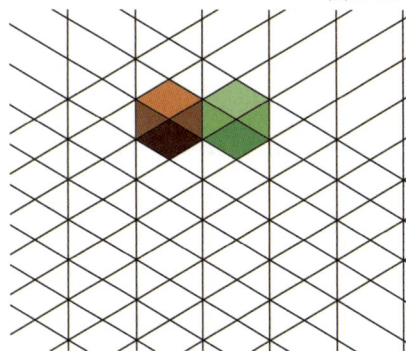

图 2-61

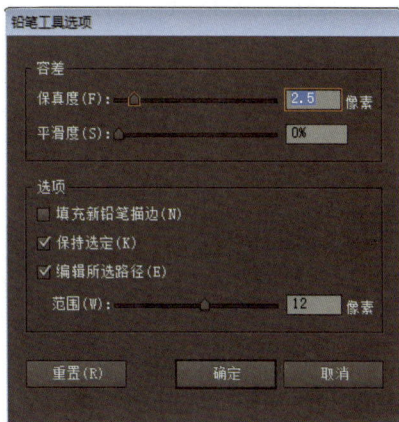

图 2-62

并选定路径，其通过范围滑块来控制距离。

2. 平滑工具

【平滑工具】可以平滑路径外观，也可以
删除多余的锚点来简化路径，平滑路径是一种
手动控制路径平滑的工具。

选择工具箱中的【平滑工具】，在该工具
上双击鼠标左键，弹出【平滑工具选项】对话框，
如图 2-63 所示。

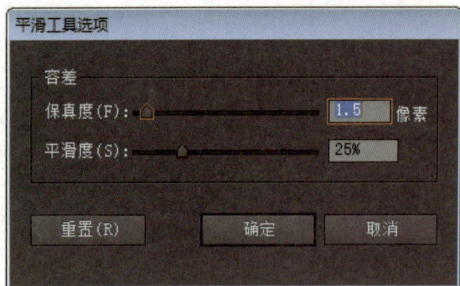

图 2-63

图 2-66

在【容差】选项的设置中，保真度滑块表示在多少像素下不会产生锚点，范围从 0.5 像素 ~ 20 像素，值越大路径越平滑，复杂程度越小。平滑度滑块指平滑量的多少，范围从 0% ~ 100%，值越大，路径则越平滑。

下面通过一个练习来熟悉【铅笔工具】与【平滑工具】。

新建一个页面，在工具箱中选择【铅笔工具】，使用【铅笔工具】随意勾画出一条开放路径，如图 2-64 所示。

然后对绘制的路径进行平滑处理，选择【平滑工具】或者选择【铅笔工具】的同时按下【Alt】键，在刚才绘制的路径上拖动鼠标，鼠标划过的部分就会变得平滑，如图 2-65 所示。

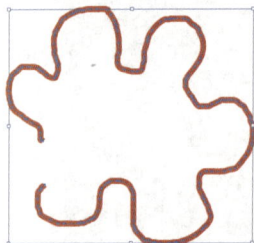
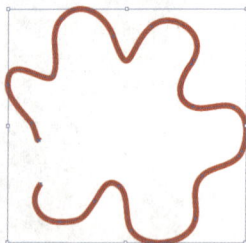

图 2-64   图 2-65

3. 路径橡皮擦工具

【路径橡皮擦工具】主要是沿当前路径对其进行擦除。

打开文件【图 2-8 素材 .ai】，使用【选择工具】选中对象，如图 2-66 所示。

选择【路径橡皮擦工具】，沿着需要擦除的路径拖拽鼠标，路径即可被擦除，如图 2-67 所示。

图 2-67

4. 橡皮擦工具

【橡皮擦工具】可以擦除图稿的任何区域，双击【橡皮擦工具】按钮，弹出【橡皮擦工具选项】对话框，如图 2-68 所示。

在该对话框中设置擦除的角度（0 度 ~ 360 度）、圆度（0% ~ 100%）和橡皮擦的直径（0pt ~ 1296pt）等。

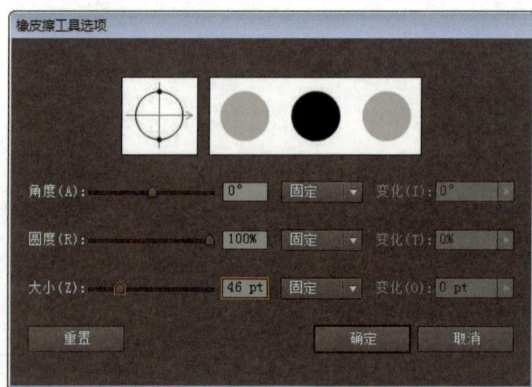

图 2-68

重新打开文件【图 2-8 素材 .ai】，在工具箱中选择【橡皮擦工具】，双击鼠标左键在弹出的【橡皮擦工具选项】对话框中调节橡皮擦直径，然后对图稿进行擦除，如图 2-69 所示。

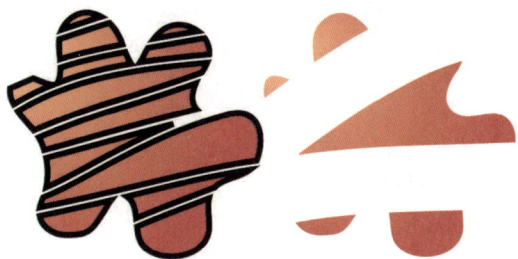

图 2-69

图 2-70

（二）【画笔工具】简介

【画笔工具】可以改变路径的风格，也可以对定义好的画笔效果进行描边。

Illustrator 中【画笔工具】有很多类型，如毛刷、手绘矢量、艺术图案等，如图 2-70 所示。

【画笔工具】往往需要配合【画笔】调板一起使用，执行【窗口—画笔】命令，打开【画笔】调板，在该调板右上方三角形快捷菜单中可以选择显示书法画笔、显示散点画笔、显示毛刷画笔和显示图案画笔和显示艺术画笔，如图 2-71 所示。

除了软件自带的画笔，还可以自己定义画笔。

案例一：通过自定义画笔来制作一个旋风图形

1. 新建一个页面，使用工具箱中【矩形工具】绘制一个矩形，宽度是高度的 4 倍左右。

2. 使用【直接选择工具】，将矩形一侧的两个锚点选中，执行【对象—路径—平均】命令或按下【Ctrl+Alt+J】组合键，在弹出的【平均】对话框中选择【两者兼有】，得到一个等边三角形，如图 2-72 所示。

3. 执行【视图—智能参考线】命令或按下【Ctrl+U】键，然后按下【Ctrl+Alt】键将三角形水平位移，并复制出另外两个三角形，【Ctrl+A】将三个并排的三角形全选，将填充颜色设置为 C：0、M：100、Y：100、K：0，接下来将其拖入到【画笔】调板中，定义为艺术画笔，如图 2-73 所示。

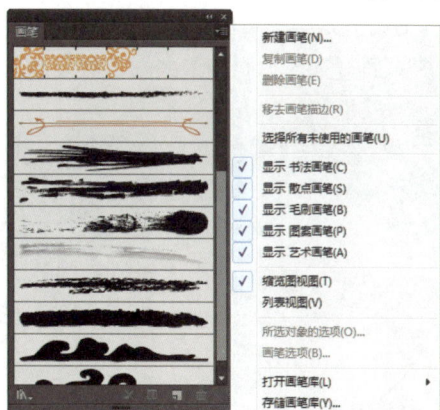

图 2-71

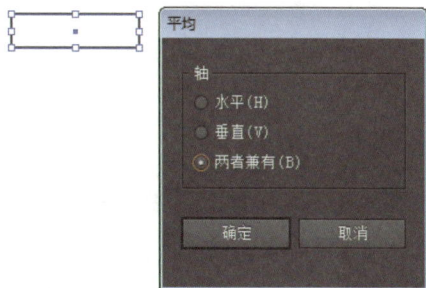

图 2-72

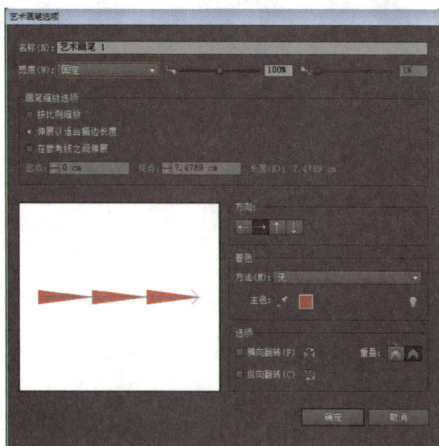

图 2-73

4. 使用工具箱中的【椭圆工具】，按下【Shift】键，在页面中点击鼠标左键拖拽出一个正圆形，在工具箱中选择【剪刀工具】，移至正圆形最上面的锚点并点击鼠标左键，锚点处便会连接。

5. 全选圆形对象，然后执行【对象—变换—缩放】命令，在弹出的比例缩放对话框中将等比设置为30%，按【复制】按钮，如图2-74所示。

6. 在工具箱中选择【混合工具】，双击此工具，弹出【混合】对话框，将指定的步数设置为2。在大圆和小圆的线条处分别点击鼠标左键，最终效果如图2-75所示。（有关【混合工具】的使用参考本书第五章第二节）

通过选择不同类型的画笔可以制作出多种特效。

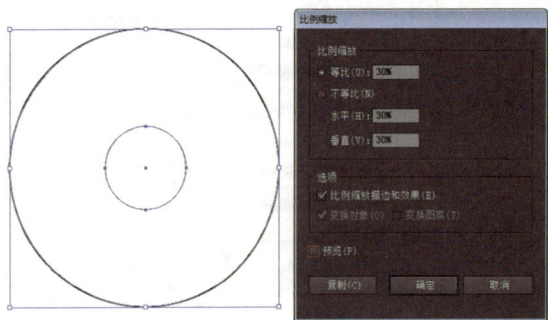

图 2-74

图 2-75

案例二：利用特效画笔制作火焰字

1. 选择工具箱中的【文字工具】，在页面中输入文字【Adobe】，选择【CAJ FNT5A】字体，如图2-76所示。

图 2-76

2. 点击鼠标右键，在弹出的快捷选项栏中选择【创建轮廓】，将文字转换成路径，如图2-77所示。

3. 选择需要转换成路径的文字，将填充颜色设置为 C:0、M:0、Y:100、K:0，描边颜色设置为 C:0、M:100、Y:100、K:0。在画笔】调板中点击右边的三角形选择【打开画笔库—艺术效果—粉笔炭笔铅笔】选项，如图2-78所示。

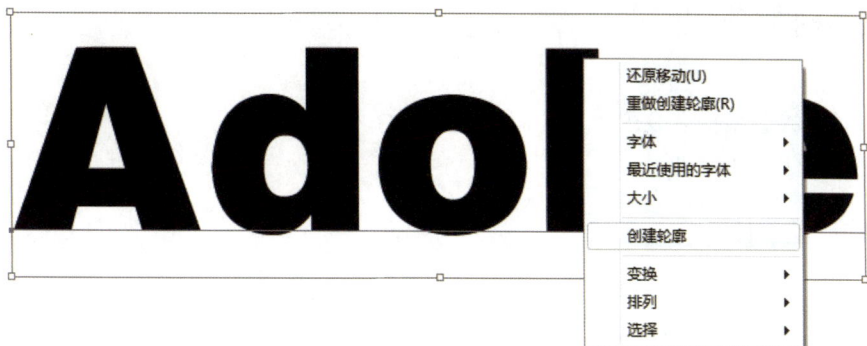

图 2-77

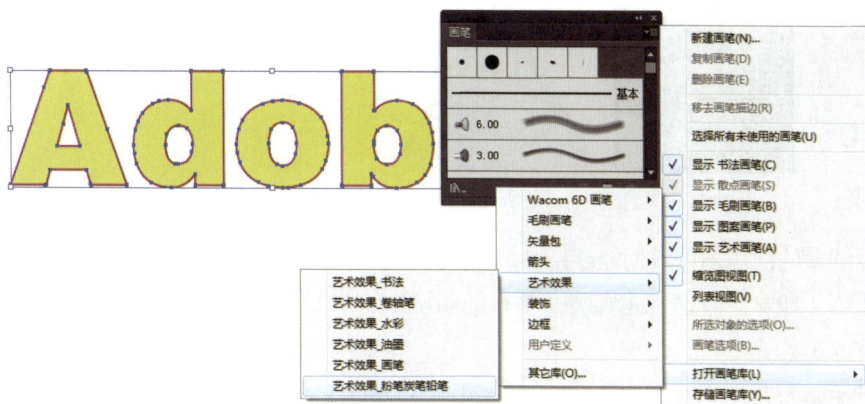

图 2-78

4. 在弹出的对话框中选择【炭笔—变化】效果，如图 2-79 所示。

图 2-79

（三）斑点画笔工具

【斑点画笔工具】可以绘制具有填充效果的路径。在工具箱中选择【斑点画笔工具】，按住鼠标左键进行拖拽，在页面中就可以按照鼠标移动的方向创建出具有填充而无描边的路径。释放鼠标后再次点击鼠标右键拖拽，如果新创建的路径与之前创建的路径重合，那么两个路径会合并成为一个路径，如图 2-80 所示。

图 2-80

027

第二节 面的表现基础

Illustrator 软件中对象的造型特点表现为单纯面与线面结合。线可以转换为面，面中也可以添加外框线。

一、线面结合的造型设计

在 Illustrator 中绘制一个形状路径，此路径为线与面的填充提供了必要的造型元素。结合工具箱中的【填色工具】与【描边工具】，图像的面和描边便能表现出多种色彩效果，如图 2-81 所示。

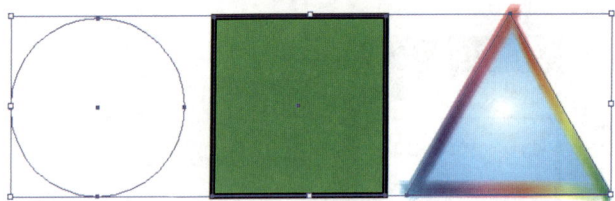

图 2-81

下面我们通过对纸盒的制作来讲解面与线结合的特点。

执行【文件 – 置入】命令，将文件【图 2-9 素材 .jpg】置入到空白页面中，如图 2-82 所示。

执行【对象 – 锁定 – 所选对象】命令或按下【Ctrl+2】快捷键，将对象设为不可移动。在工具箱中选择【钢笔工具】，沿对象的外轮廓进行描绘，然后将描绘好的路径向右移，如图 2-83 所示。

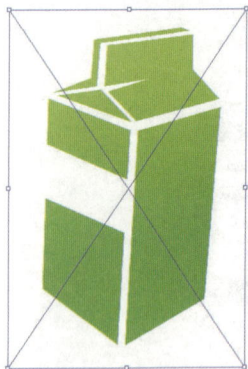

图 2-82

图 2-83

在工具箱中选择【选择工具】，点选图像的外框路径，将填充色设置为大红色，描边设置为黑色，如图 2-84 所示。

按下【Alt+Ctrl+2】键全部解锁后，按住【Shift】键分别选择纸盒内部所描绘的路径，将填充色设置为绿色，描边设置为无，如图 2-85 所示。

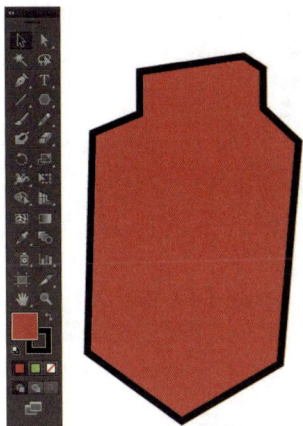

图 2-84

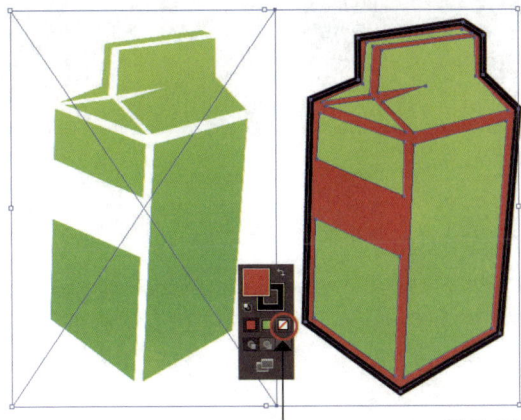

描边色为无按钮

图 2-85

二、面的卡通造型设计

（一）单纯面的组合造型

无线框的图形，也称为"单纯面造型"，在表现对象的剪影、空间和光影等方面具有很好的视觉效果，如图 2-86 所示。

下面我们来绘制一个蜜蜂宝宝的单纯面造型。

新建 A4 页面文件，执行【文件 – 置入】命令，置入文件【图 2-10 素材 .tif】，并按下【Ctrl+2】键锁定对象，如图 2-87 所示。

使用工具箱中的【椭圆工具】，按下鼠标左键拖拽出蜜蜂的脸部路径，将填充色设置为无，继续使用【椭圆工具】绘制蜜蜂的其他部分，使用工具箱的【选择工具】对椭圆进行长、宽及角度的调节，如图 2-88 所示。

使用【钢笔工具】和【弧形工具】绘制蜜蜂其他部分的路径，绘制完成后使用【选择工具】框选全部对象，将路径拖到页面的空白处，如图 2-89 所示。

使用【选择工具】或按下【V】键，点击鼠标左键分别选取蜜蜂的路径，选择好后，在工具箱中选择【吸管工具】或按下【I】键，点击鼠标左键吸取原图上相应区域的颜色，当前路径内相应的区域即被填充为相同的颜色。然后，单击鼠标右键，调整图层顺序，如图 2-90 所示。

图 2-86

图 2-87

图 2-88

图 2-89

图 2-90

第三章
对象的操作

本章导读

在前面的章节中我们介绍了路径的绘制及创建线面造型的方法。本章主要讲解如何对矢量对象进行选择、移动、自由变换、旋转和对齐等基本操作，以及矢量对象的色彩设计，图像的实时描摹和实时上色等。

精彩看点

- 对象的选择、移动、剪切、复制、粘贴与清除
- 对象的变换
- 对象的排列、对齐与分布
- 对象的色彩设计
- 实时描摹

第一节 对象的基本操作

在 Illustrator 中想要对某个对象进行操作，经常使用的就是工具箱中的【选择工具】，不管是选择对象还是移动对象都需要使用该工具。

一、对象的选择、移动、剪切、复制、粘贴与清除

Illustrator 工具箱中有一个【选择工具】区域，该区域包含【选择工具】、【直接选择工具】、【编组选择工具】、【魔棒工具】和【套索工具】。对象在被选定情况下才能对其进行编辑。

（一）选择

1. 选择工具

打开文件【图 3-1 素材 .ai】，使用工具箱中的【选择工具】或按下【V】键，在对象上点击鼠标左键，即可选中该对象。用【选择工具】选择整个路径，如图 3-1 所示。

图 3-1

如果要选择多个对象，可以使用【选择工具】点击鼠标左键进行框选，释放鼠标后相应的多个对象可被同时选中，也可以按住【Shift】键对其进行加选，如图3-2所示。

2. 直接选择工具

【直接选择工具】主要用于选择对象路径中的锚点，可以通过移动和编辑锚点来改变路径的形状。使用工具箱中的【直接选择工具】或按下【A】键，将鼠标移至路径的锚点上点击鼠标左键，即可选中相应的锚点。如果需要选择多个锚点，可按住【Shift】键进行加选，或者按住鼠标左键在一组锚点外围拖拽鼠标进行框选。

3. 编组选择工具

【编组选择工具】可以在不解除群组的情

模式容差值介于0像素~100像素之间。

根据描边颜色选择对象，RGB色彩模式容差值介于0像素~255像素之间，CMYK色彩模式容差值介于0像素~100像素之间。

根据描边粗细选择对象，该值介于0pt~1000pt之间。

根据不透明度或混合模式选择对象，该值介于0%~100%之间，如图3-5所示。

打开文件【图3-2素材.ai】，如图3-6所示。通过观察发现此对象只有填充颜色，无描边颜色，这时可以按照填充颜色来选中相近颜色的对象。使用【魔棒工具】在所需要选择的对象上点击鼠标左键，即可选中与此对象颜色相近的所有对象，如图3-7所示。

图3-2

图3-3

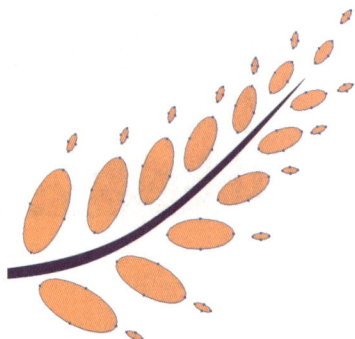

图3-4

况下，选择组内的对象或组。使用【编组选择工具】单击要选择一个对象，如图3-3所示，双击该对象就可以把组的全部对象一起选中，如图3-4所示。

4. 魔棒工具

【魔棒工具】能同时选中文档中属性相近的对象。

双击工具箱中的【魔棒工具】，在弹出的【魔棒】对话框中对【魔棒工具】的选择范围及容差做进一步调整。

根据填充颜色选择对象，RGB色彩模式容差值介于0像素~255像素之间，CMYK色彩

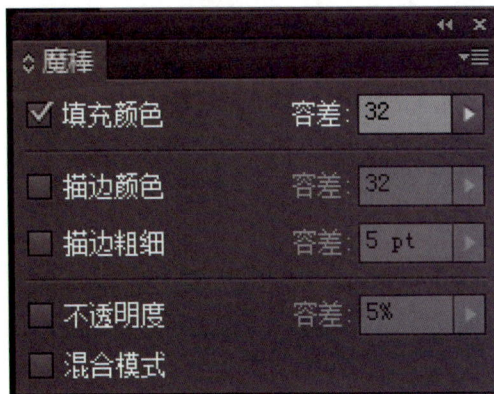

图3-5

图 3-6

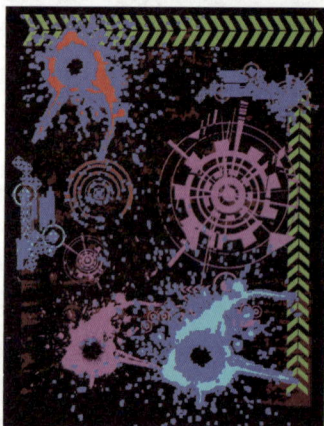

图 3-7

5. 套索工具

打开【图 3-3 素材 .ai】，如图 3-8 所示。使用【套索工具】或按下【Q】键，点击鼠标左键框选对象的锚点区域，释放鼠标即可完成路径锚点的选择，如图 3-9 所示。

图 3-8

图 3-9

（二）移动

1.【选择工具】移动

Illustrator 中的【选择工具】同时具有移动功能，使用工具箱中的【选择工具】或按下【V】键。打开【图 3-4 素材 .ai】，选中对象，将其移动到相应的位置上，在移动的同时按下【Alt】键，可以对选中的对象进行复制，如图 3-10所示。

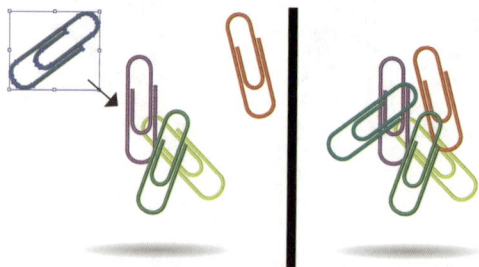

图 3-10

2. 键盘方向键移动

使用【选择工具】选中对象后，按键盘上的上下左右键可精确地移动对象。

3.【菜单】命令的精确移动

执行【对象—变换—移动】命令或按下【Ctrl+Shift+M】键，弹出【移动】对话框，可以在该对话框中对移动距离和角度进行精确设置，勾选【预览】选项观察移动和旋转的情况，如图 3-11 所示。

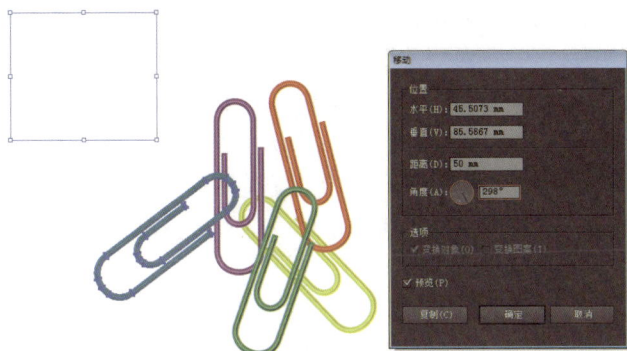

图 3-12

图 3-11

图 3-13

（三）【剪切】、【复制】、【粘贴】与【清除】命令

Illustrator 中【剪切】、【复制】和【粘贴】命令可以在同一个文件或不同的文件中进行，而【清除】命令只能在同一个文件中进行。

1. 剪切对象

打开【图 3-5—1 素材 .ai】，选中页面中的所有对象，执行【编辑—剪切】命令或按下【Ctrl+X】键，将素材剪切到剪切板中，被剪切的对象从页面中消失，然后打开【图 3-5-2 素材 .ai】，执行【编辑—粘贴】命令或按下【Ctrl+V】键调用剪切板中的对象，使用【移动工具】选中对象，将其移动到合适的位置上，如图 3-12 ~ 图 3-14 所示。

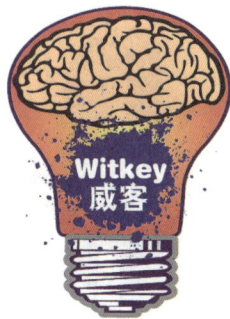

图 3-14

2. 复制对象

打开【图 3-6 素材 .ai】，如图 3-15 所示。使用【选择工具】框选出其中一个涂改液的瓶子和盖子，执行【编辑—复制】命令或按下【Ctrl+C】键复制选中的对象。也可以使用【选择工具】选中对象后，按住【Alt】键，光标变为双箭头时拖动鼠标即可完成复制，如图 3-16 所示。

图 3-15

图 3-16

3. 粘贴对象

Illustrator 所提供的粘贴方式极为丰富，为对象的操作带来了诸多方便，如图 3-17 所示。

粘贴：执行【编辑—粘贴】命令或按下【Ctrl+V】键。

粘贴(P)	Ctrl+V
贴在前面(F)	Ctrl+F
贴在后面(B)	Ctrl+B
就地粘贴(S)	Shift+Ctrl+V
在所有画板上粘贴(S)	Alt+Shift+Ctrl+V

图 3-17

贴在前面：打开【图 3-7 素材 .ai】，选择并剪切小狗图案，执行【编辑—贴在前面】命令或按下【Ctrl+F】键，如图 3-18 所示。

贴在后面：同样选择并剪切小狗图案，执行【编辑—贴在后面】命令或按下【Ctrl+B】键，如图 3-19 所示。

图 3-18

图 3-19

就地粘贴：执行【编辑—就地粘贴】命令或按下【Shift+Ctrl+V】键。

在所有画板上粘贴：执行【编辑—在所有画板上粘贴】命令或按下【Alt+Shift+Ctrl+V】键。

4. 清除对象

可以删除选中的对象或对象中的路径。打开文件【图 3-8.ai 素材】，执行【编辑—清除】命令或按下【Delete】键可以删除选中的对象，如图 3-20 所示。如果删除图层，那么图层上的所有内容包括子图层、路径和剪切组都会随图层一同被删除。

图 3-20

二、Illustrator 变换对象

在 Illustrator 中可以对图形进行多种形式的变换，如旋转、镜像、倾斜和缩放等。

（一）旋转对象

【旋转工具】可以使对象围绕一个指定的中心点进行旋转，也可以对旋转对象的旋转角度做精确调整。

新建文件，尺寸为 A4 页面大小，使用【椭圆工具】或按下【L】键，【鼠标左键 + Shift】绘制一个正圆形，释放鼠标后点击工具箱中的【旋转工具】，可以看出此圆的中心点在选区的中间位置（Illustrator 默认对象的轴心在整个对象的中心），如图 3-21 所示。

使用【旋转工具】把选中对象的中心点移至对象的下方，如图 3-22 所示。

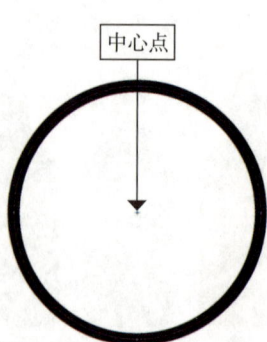

中心点

图 3-21

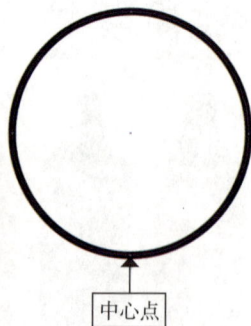

中心点

图 3-22

将鼠标移至对象的边缘，按住【Alt】键即可完成复制，然后反复按下【Ctrl+D】键，即可完成旋转复制，如图3-23所示。

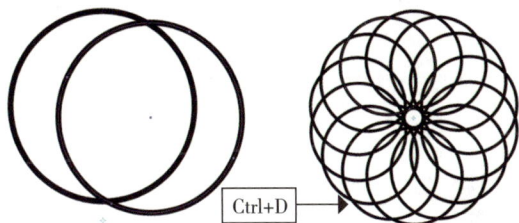

图 3-23

如果要对旋转角度做精确设置，选择【旋转工具】，在中心点的位置按住【Alt】键并双击鼠标左键，弹出【旋转】对话框，如图3-24所示，在该对话框中将旋转对象的角度设置为60度，选择【复制】按钮，多次按下【Ctrl+D】键进行复制，得到如图3-25所示图形。

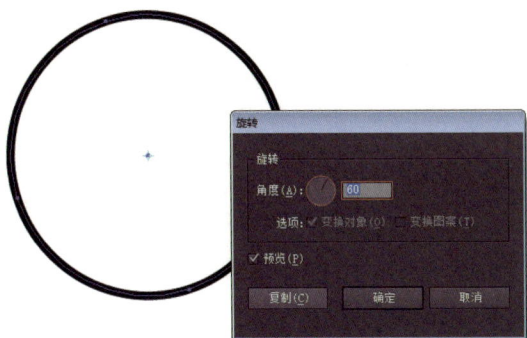

图 3-24

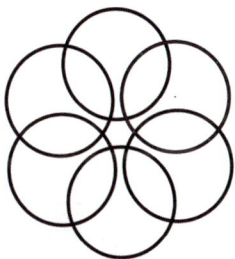

图 3-25

（二）镜像对象

【镜像工具】可以使对象按照一个指定的中心点进行旋转，也可以对翻转对象的旋转角度做精确调整。使用【自由变换工具】、【镜像工具】或【镜像】命令都可以对对象进行翻转。

打开文件【图3-9素材.ai】，使用工具箱中的【镜像工具】或按下【O】键，在对象一侧拖动鼠标左键，确定镜像角度后释放鼠标完成镜像操作。在拖动的同时按下【Alt】键可对对象进行镜像复制，如按下【Shift】键，镜像对象可以以45度角做【镜像】处理，如图3-26所示。如果镜像角度有误，可执行【编辑—重做】命令或按下【Shift+Ctrl+Z】键。

也可以对镜像做精细调整，双击工具箱中的【镜像工具】，弹出【镜像】对话框，将对象中心点移至对象的左下外侧，在该对话框中对轴和角度进行相关设置，如图3-27所示。

图 3-26

图 3-27

（三）倾斜对象

【倾斜工具】可以使对象沿水平或垂直轴向倾斜，也可以按指定的轴心做一定角度的精细倾斜，使用【倾斜工具】直接拖动鼠标就可以对对象进行倾斜处理。如果拖动时按住【Shift】键，倾斜对象可以按45度角做倾斜处理，如图3-28所示。

图 3-28

打开文件【图 3-10 素材 .ai】，双击工具箱中的【倾斜工具】，弹出【倾斜】对话框，在该对话框中对倾斜角度和轴进行相应的设置。

倾斜角度的设置介于 –359 度 ~ 359 度之间，轴的设置可以按照水平或垂直轴向进行倾斜，也可以不按照水平或垂直轴进行倾斜，如图 3-29 所示。

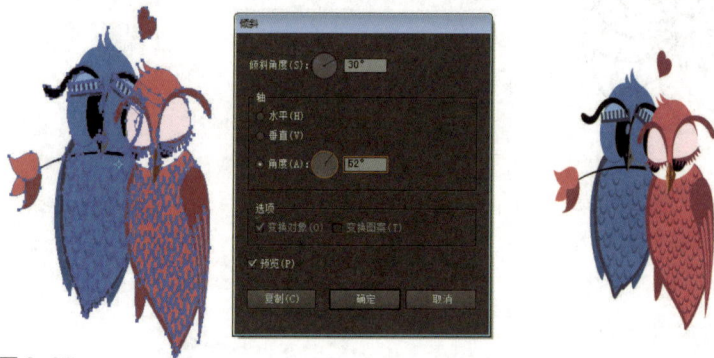

图 3-29

（四）缩放对象

对图形任意缩放，除了使用【选择工具】对对象的四个角进行拖拽这一方法以外，还可以使用工具箱中的【比例缩放工具】进行缩放。

打开文件【图 3-10 素材 .ai】，使用【选择工具】选中对象，单击工具箱中的【比例缩放工具】或按下【S】键，将鼠标移至对象上拖动即可完成缩放，同比例缩放需按住【Shift】键拖动鼠标左键，缩放的过程中也可直接对图形执行【镜像】命令，如图 3-30 所示。

双击【比例缩放工具】或执行【对象—变换—缩放】命令，弹出【比例缩放】对话框，可以在该对话框中对缩放的比例关系、比例缩放描边效果进行设置，如图 3-31 所示。

图 3-30

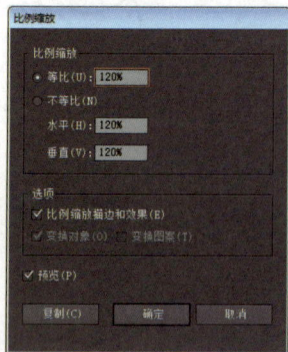

图 3-31

等比：按对象原始比例关系进行缩放。

不等比：可分别设置水平和垂直的比例缩放关系。

比例缩放描边和效果：勾选此选项后描边和效果可按照比例关系一起缩放。

（五）【整形工具】变换对象

【整形工具】与【形状选择工具】相比最大的优势在于，它可以保持原路径整体细节完整的同时调整所选择的锚点，还也可以在路径上添加锚点。

使用【形状选择工具】框选需要改变形状的锚点，在工具箱中单击【整形工具】，将鼠标移至路径上单击鼠标左键，如图3-32所示。该位置添加了一个锚点，按住鼠标左键拖动即可改变路径的形状，如图3-33所示。

图3-32   图3-33

（六）自由变换

【自由变换工具】可以使对象进行移动、旋转、镜像、缩放、扭曲等多种变换操作。【自由变换工具】和【选择工具】的使用方法类似，但【自由变换工具】在扭曲和透视的变换操作上是【选择工具】所不及的。

打开【图3-12素材.ai】，使用【选择工具】选中对象，再单击工具箱中的【自由变换工具】或按下【E】键，将鼠标移至所选对象选择框的操作柄上，拖动操作柄的同时先按住【Alt】键，接着再按下【Ctrl】键，即可完成扭曲操作，完成扭曲操作后将其另存，并更改文件名称，如图3-34所示。

重新打开文件【图3-12素材.ai】，再单击工具箱中的【自由变换工具】或按下【E】键，将鼠标移至所选对象选择框的操作柄上，按住操作柄之后再按下【Ctrl】键，这样即可对每个点进行单独操作，从而实现透视效果。如果按住操作柄后，再按下【Alt+Ctrl+Shift】键就可以使对象沿着同一个方向上执行【透视】命令，如图3-35所示。

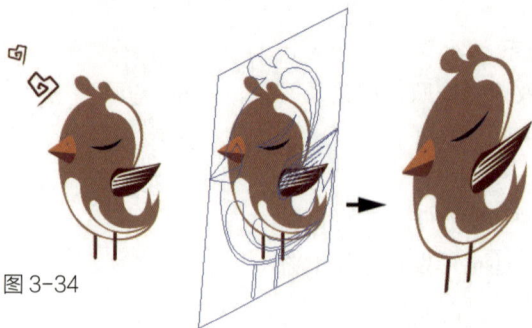

图 3-34

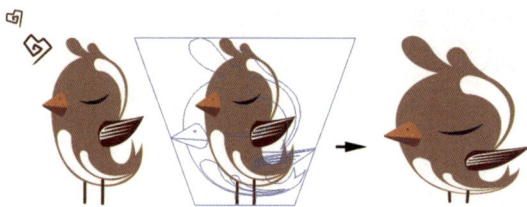

图 3-35

图 3-36

（七）分别变换

执行【分别变换】命令可以使所选定的对象以各自中心点分别进行变换，打开文件【图3-14素材.ai】，如图3-36所示。

使用【直接选择工具】框选所有对象，执行【对象—变换—分别变换】命令或按下【Ctrl+Shift+Alt+D】键，弹出【分别变换】对话框，在该对话框中可以对对象的缩放、移动和旋转等进行设置，效果如图3-37所示。

缩放：调整水平方向上与垂直方向上的参数，按比例缩放。

移动：调整水平方向上与垂直方向上的参数，设置移动的距离。

旋转角度：可定义对象按各自的中心点旋转角度。

勾选X/Y对称：可使对象镜像变换。

勾选随机：对每一个对象采用不同参数进行随机变换。

（八）【变换】调板

使用【变换】调板可以精确设置对象的位置、尺寸、旋转、倾斜、翻转等的参数。

执行【窗口—变换】命令或按下【Shift+F8】键，弹出【变换】调板，点击【变换】调板右侧的三角形按钮，会展开如图3-38所示的变换选项。

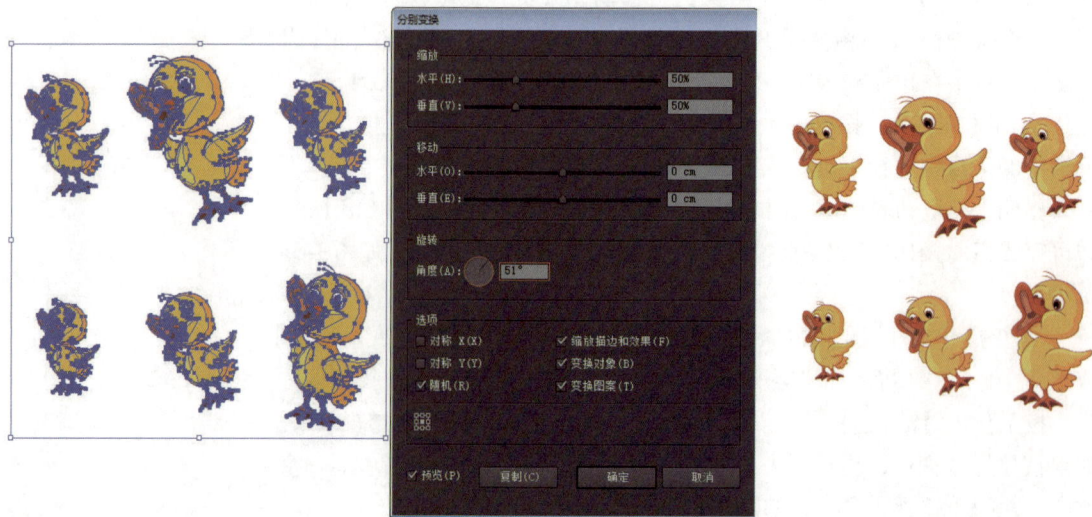

图 3-37

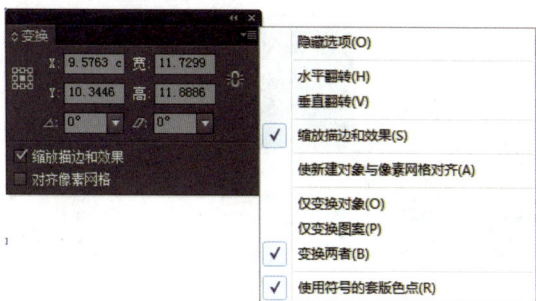

图 3-38

方位控制点：定义定位点在对象上的位置。

X/Y：设置对象在页面上的位置，从左下角开始进行测量。

宽/高：设置对象的精确尺寸。

旋转：旋转选定的对象角度。

倾斜：使对象沿水平或垂直方向倾斜。

使新建对象与像素网格对齐：使各个对象按像素对齐到像素网格。

其他设置和本章前面所讲的变换类型有类似描述，这里就不再赘述了。

三、对象的排列、对齐和分布

（一）排列对象

在 Illustrator 中可以对对象进行堆叠顺序的排列，排列后画面会以不同的顺序显示。

执行【对象—排列】命令，排列的子菜单中包含调整对象堆叠的顺序命令，也可以在选定的对象上点出鼠标左键，在弹出的快捷菜单中执行【排列】命令，如图 3-39 所示。

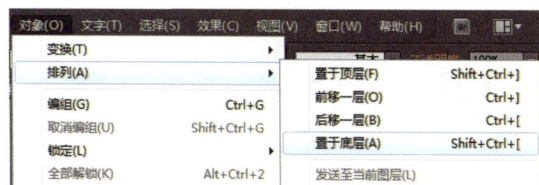

图 3-39

【排列】命令主要对对象做前后顺序的调整，比如【置于顶层】命令，可以将所选对象放置到同一图层所有对象的上面，打开文件【图3-15 素材 .ai】，对选中的对象执行【置于顶层】命令，如图 3-40 所示。

图 3-40

（二）对齐对象

在页面中可以通过【对齐】调板对多个对象执行【对齐】命令。执行【窗口—对齐】命令或按下【Shift+F7】键，弹出【对齐】调板，该调板包含【对齐对象】、【分布对象】和【分部间距】相关按钮组合，如图 3-41 所示。

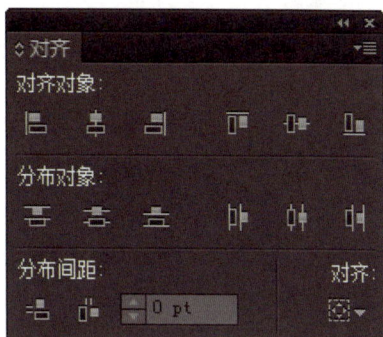

图 3-41

打开文件【图 3-16 素材 .ai】，如图 3-42所示，执行【对齐】命令前，首先要选中所有对象。选择【对齐】调板内的【对齐对象—水平左对齐】按钮，对象将以最左侧的对象为基准对齐，如图 3-43 所示。

【对齐】调板中的其他对齐选项按钮的对齐方式与垂直左对齐按钮一致，只是对齐的轴线不同。

图 3-42   图 3-43

图 3-46

四、对象的编组与取消编组

若要对多个对象同时进行操作，可以将这些路径进行【编组】，编组后对象仍然保持其原有属性。若要编辑单个路径，也可以执行【取消编组】命令。

（一）对象的编组

打开文件【图 3-17 素材 .ai】，使用【选择工具】选中要编组的对象，如图 3-47 所示。执行【对象—编组】命令或按下【Ctrl+G】键，即可对这些对象进行编组。全选后单击鼠标右键，在弹出的快捷菜单中执行【对象—编组】命令即可对全部对象进行编组，如图 3-48 所示。对编组的对象双击或多次点击，则可以选择到编组内的对象或路径，如图 3-49 所示。

（二）对象的取消编组

执行【对象—取消编组】命令或选中对象时点击鼠标右键，在弹出的快捷菜单中选择【取消编组】选项即可取消编组，也可以按下【Shift+Ctrl+G】键取消编组，如图 3-50 所示。

（三）分布对象

在页面中可以通过【对齐】调板中的【分布】对象对多个对象进行分布处理。

将【图 3-16 素材 .ai】中的对象选中移动至如图 3-44 所示的位置，【Ctrl+A】全选，在【对齐】调版中选择【水平居中分布】按钮，对象将以所选对象的中心等距分布，如图 3-45 所示。

点击【对齐】调板的右下角的三角形按钮，可以展开【对齐】选项，该选项中包含【对齐所选对象】、【对齐关联对象】和【对齐画板】。选择对齐关联对象，分布间距设置为 0.5cm，点击水平分布间距后，得到如图 3-46 所示的分布状态。

图 3-44

图 3-45

      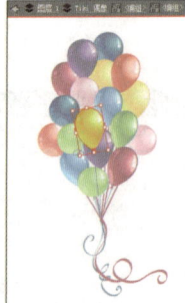

图 3-47   图 3-48   图 3-49

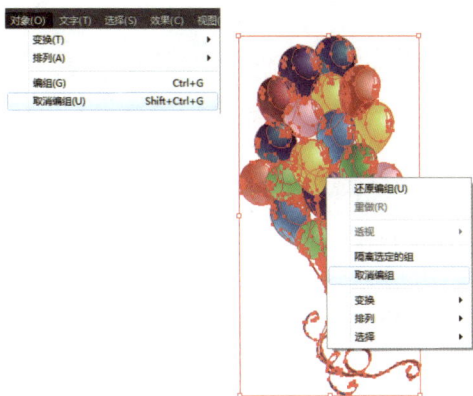

图 3-50

五、对象的隐藏与显示

在 Illustrator 中有时为了方便编辑，或者方便查看效果，会使用【隐藏】命令。隐藏的对象是不可编辑的，但其仍然存在于页面中，重新打开文档时，隐藏对象会重新出现。

（一）隐藏对象

打开文件【图 3-18 素材 .ai】，如图 3-51所示。选择需要隐藏的对象，执行【对象—隐藏—所选对象】命令，或按下【Ctrl+3】键，该对象即可被隐藏起来，如图 3-52 所示。

图 3-52

在【对象—隐藏】命令的子菜单中还包含【隐藏上方所有图稿】命令和【隐藏其他图层】命令。【隐藏上方所有图稿】：隐藏选中对象上方的所有对象。【隐藏其他图层】：隐藏除所选对象以外的图层。

（二）显示对象

执行【对象—显示全部】命令或按下快捷键【Ctrl+Alt+3】，即可显示之前被隐藏的所有对象，如图 3-53 所示。

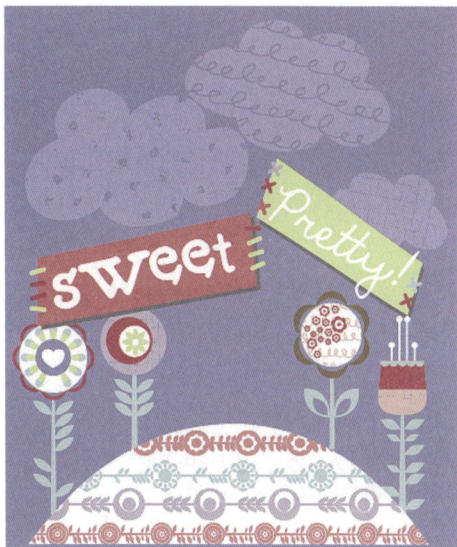

图 3-51

图 3-53

041

六、剪切蒙版

【剪切蒙版】是一个可以使用路径形状遮盖其他对象（包括位图图像、矢量对象）的命令。使用【剪切蒙版】后，路径形状之外的图像将被遮挡，其实就是将图稿剪切为蒙版的路径形状。

新建A3页面，执行【文件—置入】命令，置入文件【图3-19素材.psd】，如图3-54所示。使用【钢笔工具】沿方便面袋子的外框绘制路径，绘制完后全选，对其执行【对象—剪切蒙版—建立】命令或按下【Ctrl+7】键（也可以按鼠标右键），在弹出快捷选项栏中选择【建立剪切蒙版】选项，或点击【图层】调板内的【建立/释放剪切蒙版】按钮，如图3-55所示。最终完成效果如图3-56所示。

【释放剪切蒙版】则可以将剪切路径和被蒙住的对象还原，执行【对象—释放剪切蒙版—建立】命令或按下【Alt+Ctrl+7】键（也可以按鼠标右键）在弹出快捷选项栏中选择【释放剪切蒙版】选项，或点击【图层】调板内的【建立/释放剪切蒙版】按钮。

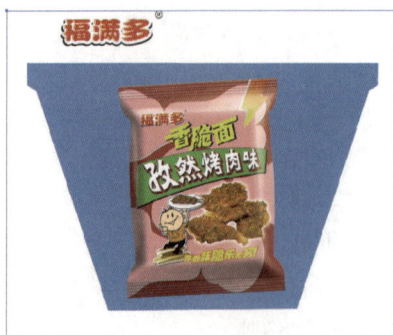

图 3-54

图 3-56

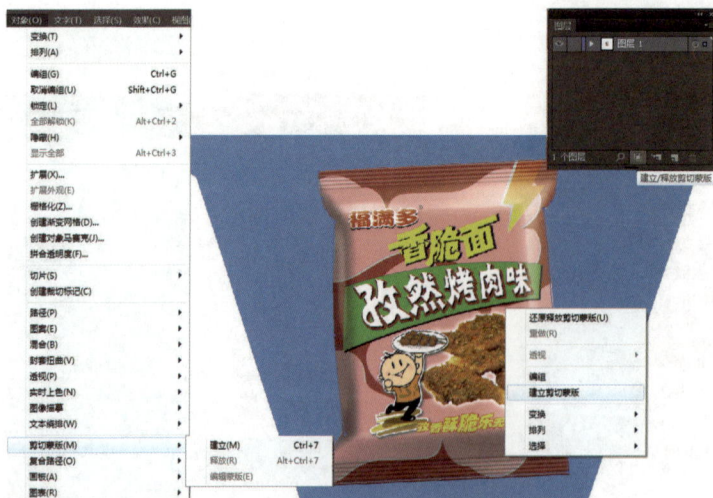

图 3-55

案例一：绘制复杂五星构成图形

此案例所制作完成的效果如图3-57所示。

图3-57

1.使用工具箱中的【多边形工具】绘制一个五角星，参数设置如图3-58所示。

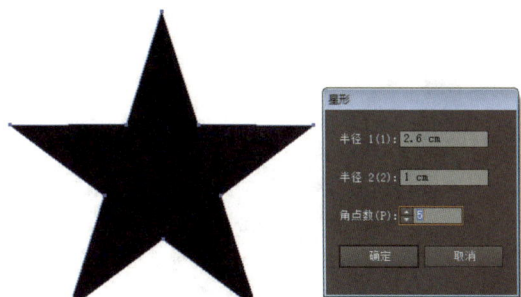

图3-58

2.选择工具箱中的【镜像工具】，按住【Shift】键镜像出如图3-59所示的图形。选择上面的五角星，使用工具箱中的【旋转工具】把中心点移至下面的五角星的角点上并与之重合（红圈的位置处）。

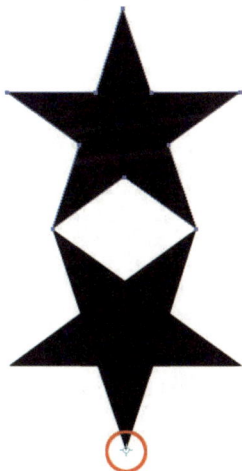

图3-59

3.在新设置的中心点上按住【Alt】键并点击鼠标左键，弹出【旋转】对话框，在该对话框中设置旋转复制参数，每个五角星旋转36度，每点击一次复制按钮，旋转复制出一个五角星，如图3-60所示。

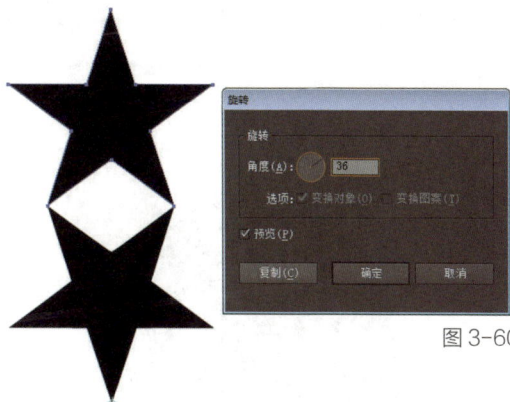

图3-60

4.还可以反复按下【Ctrl+D】键，执行【反复复制】命令，得到如图3-61所示图形。删除中间的五角星，镜像的目的是为了寻找旋转中心点。

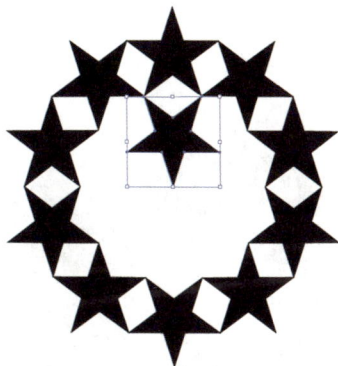

图3-61

5.选择旋转复制好的对象，双击工具箱中的【比例缩放工具】，弹出【比例缩放】对话框，将等比角度设置为61.8度，并点击【复制】按钮，如图3-62所示。

6.反复按下【Ctrl+D】键，执行【反复复制】命令，得到如图3-63所示图形。

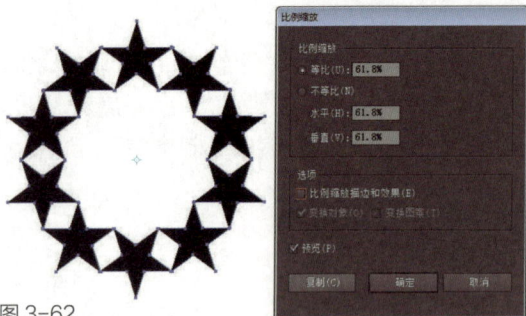

图 3-62

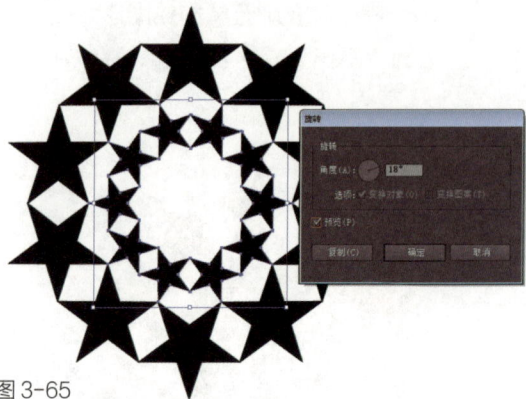

图 3-65

图 3-63

案例二：使用【剪切蒙版】制作拼贴版式

素材文件存放位置：章节案例 / 第三章 / 第一节。

本案例主要讲解使用【剪切蒙版】制作拼贴版式设计，完成的版式效果如图 3-66 所示。

7. 调整内圈五角星的角度，选择等比缩放，将参数设置为 52.6%，点击【复制】按钮得到如图 3-64 所示效果。

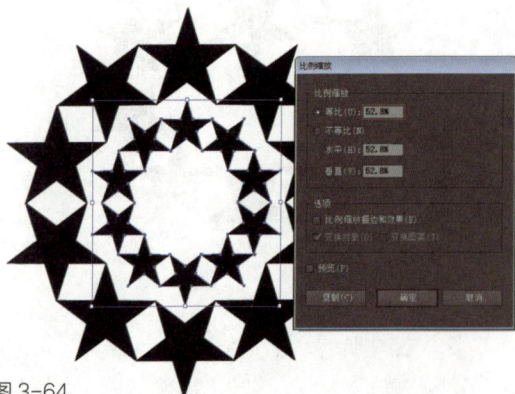

图 3-66

图 3-64

具体操作步骤如下：

1. 新建文件，文件大小为 A3 横版。

2. 选择的工具箱中的【钢笔工具】、【椭圆等工具】在页面中绘制路径，分割的版式效果如图 3-67 所示。

3. 执行【文件—置入】命令置入【1.tif】素材文件，使用【选择工具】调整图片的大小、角度和位置等，并将此素材图片排列置于底层，如图 3-68 所示。

8. 在工具箱中双击【旋转工具】，弹出【旋转】对话框，将旋转角度设置为 18 度。点击【确定】按钮，得到如图 3-65 所示效果。

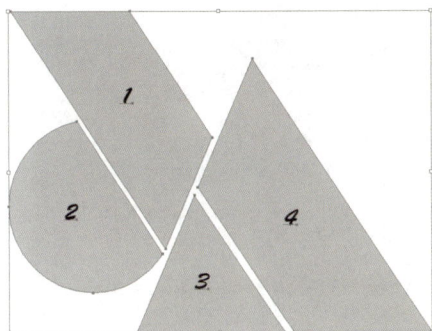

图 3-67

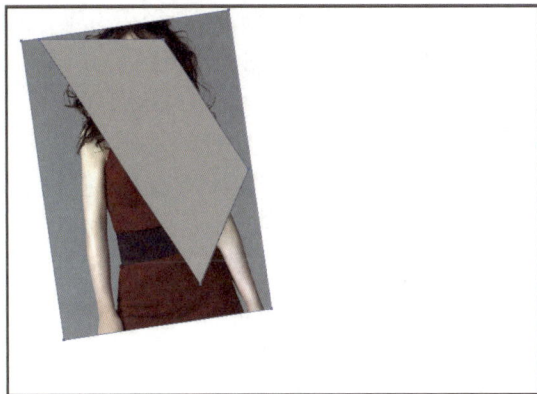

图 3-68

4. 选中图片和绘制好的路径 1，执行【对象—剪切蒙版—建立】命令，创建【剪切蒙版】，这样图片在路径之外的部分就被隐藏了，如图 3-69 所示。

5. 其他的路径与图片的制作方法和上述步骤相同，这里就不再一一赘述，完成后输入文字，如图 3-70 所示。

图 3-69

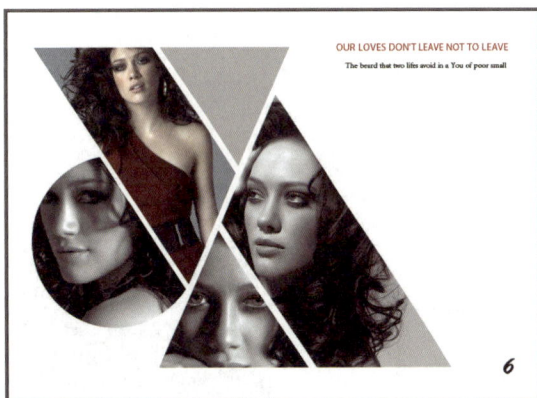

图 3-70

第二节 对象的色彩设计

Illustrator 中主要是通过【颜色】调板或工具箱中的【描边工具】与【填充工具】选项对矢量图形进行着色。

一、填充与描边

【填充】是对对象的块面部分采用单色、渐变色或图案等进行着色，【填充】命令可以在闭合或开放的路径中和实时上色组的相交的面上执行。

【描边】是对对象的路径部分采用单色、渐变的方法进行着色，同时还可以在【实时上色】组的边缘轮廓进行着色。操作过程可以对描边大小进行更改，也可以使用【描边】调板的设置描边大小。

工具箱中的【填充/描边】按钮选项和【颜色】调板,都可以对对象进行【填充/描边】,如图 3-71 所示。

1. 双击【填充色】按钮,可以选择【拾色器】选项来选择填充颜色,也可以将鼠标移至色谱】面板,此时光标会变成吸管,吸取填充颜色。

2. 双击【描边色】按钮,可以使用【拾色器】选项来选择描边颜色,也可以将鼠标移至【色谱】面板,此时光标会变成吸管,吸取描边颜色。

3. 单击【填色与描边互换】按钮,可以在填充与描边之间互换颜色。

4. 单击【默认填充与描边颜色】按钮,可以恢复默认的黑色描边与白色填充色。

5. 单击【颜色】按钮,可以把上次选择的纯色运用到具有渐变填充而无描边的对象中。

6. 单击【渐变色】按钮,可以把当前选择的填充更改为上次选择的渐变色。

7. 单击【透明色】按钮,可以删除对象的填充和描边。色彩的填充和更改都是建立在对象被选中的前提下的。

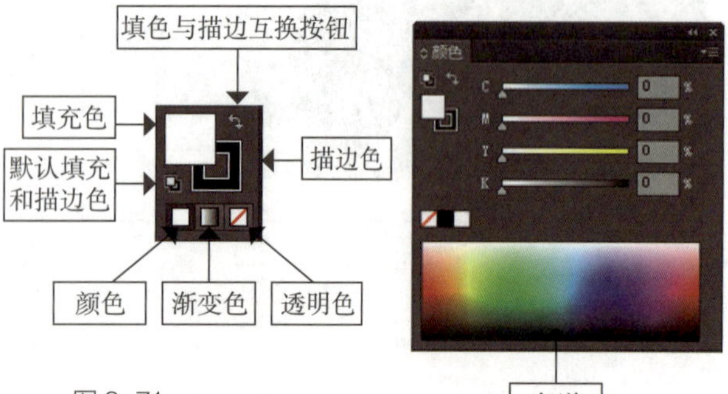

图 3-71

二、拾色器

双击工具箱中的【填充/描边】按钮选项或【颜色】调板中的【填充/描边】按钮,都会弹出【拾色器】对话框。可以通过选择色域和色谱、定义颜色值或单击色板的方式设置对象颜色,如图 3-72 所示。

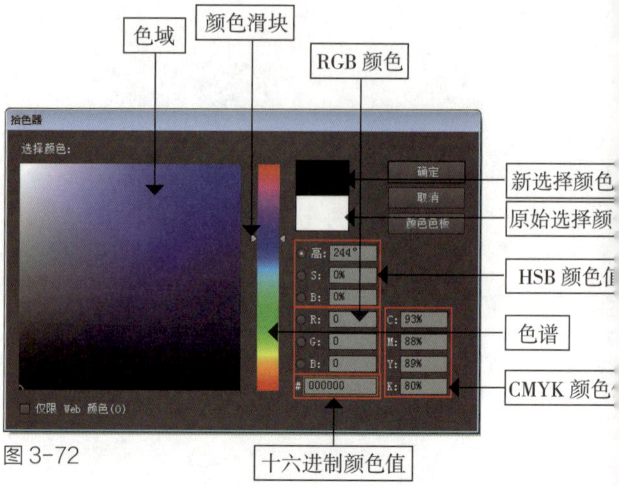

图 3-72

【拾色器】的使用方法如下:

1. 使用鼠标在色谱上点击或滑动,然后在色域中选取色彩,色域中的光标会变为圆形标记。

2. 在 HSB、RGB 或者 CMYK 中输入相应的数值。

3. 点击【颜色色板】按钮,选择一个色板,然后点击【确定】按钮,选择颜色。

三、【颜色】调板、【颜色参考】调板、【色板】调板

单一色是填充或描边最基本的颜色形式,Illustrator 可以选择多种方式进行单一色的设置。

(一)【颜色】调板

执行【窗口—颜色】命令,即可打开【颜色】调板。【颜色】调板与【拾色器】类似,不同的是【颜色】调板颜色值显示为当前选择的色彩模式,可以通过拖动颜色滑块和输入色值两种方式设置颜色。如果需要更改色彩模式,可以点击【颜色】调板右侧的三角形按钮,在弹出的选项栏中选择相应的色彩模式,如图 3-73所示。

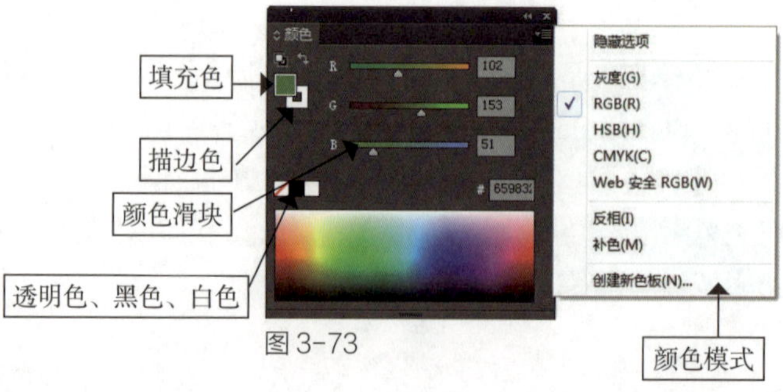

图 3-73

（二）【颜色参考】调板

执行【窗口—颜色参考】命令或按下【Shift+F3】键，弹出【颜色参考】对话框，此对话框的作用是针对当前选择的颜色做色彩调和，可以使用这些调和色对图稿进行着色，如图3-74所示。

点击色彩调和参考，弹出【协调规则】下拉选项栏，在选项栏中可以根据设置的基本色规划出多种调和色彩配色方案，给色彩的搭配与组合带来更多的帮助，如图3-75所示。

单击编辑或应用【颜色】按钮，弹出【重新着色图稿】对话框，可以对色相、纯度、明度及自定义颜色组、自定义颜色库等进行调节，如图3-76所示。

（三）【色板】调板

Illustrator内置了多种【色板库】供用户使用。【色板库】是预设颜色的组合。

1. 色板库

执行【窗口—色板库】命令，可以在子菜单或【色板】调板中载入或选择相应的【色板库】。

如果需要将【色板库】中的色板添加到【色板】调板中，选择一个或多个以文件夹形式开头的色板，点击该调板右上角的三角形按钮，在弹出的菜单中选择【添加到色板】选项，或者将选好的【色板库】拖入到【色板】调板中，如图3-77所示。

点击【色板】调板右上方的三角形按钮，在弹出的菜单中执行【将色板库存储为（ase/ai）】命令，即可对自定义的【色板库】进行保存。

2. 图案填充

Illustrator图案填充被整合在【色板库】中，为用户提供了多种图案填充，单击色板底部的【色板库】菜单按钮，在弹出的子菜单中选择图案填充选项，如图3-78所示。在该面板中任意选择一个图案，即可为选中的对象填充图案，如图3-79所示。

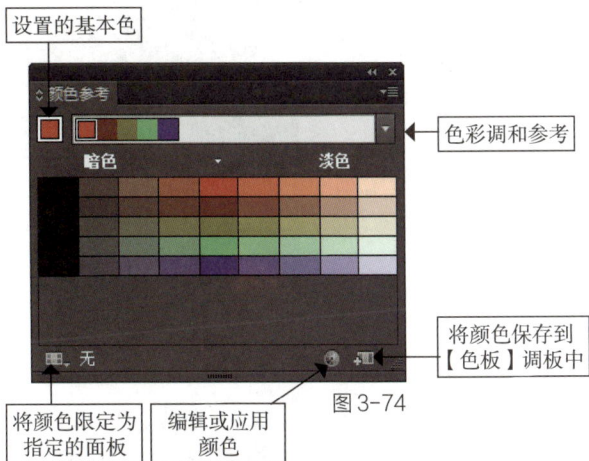

设置的基本色

色彩调和参考

将颜色保存到【色板】调板中

将颜色限定为指定的面板

编辑或应用颜色

图3-74

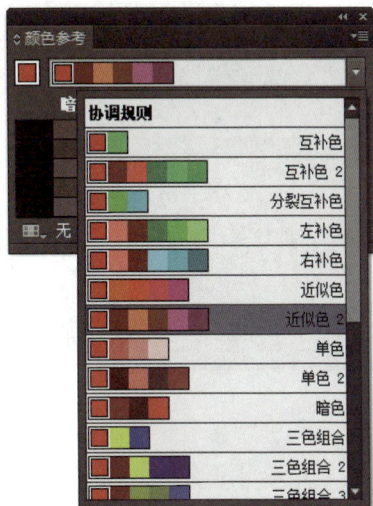

图3-75

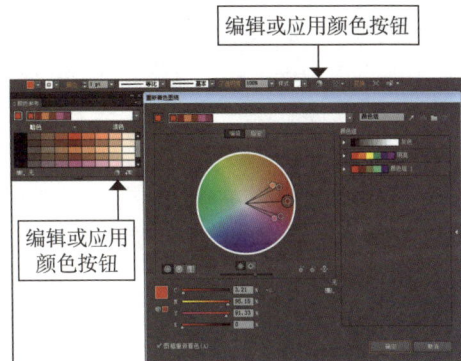

编辑或应用颜色按钮

编辑或应用颜色按钮

图3-76

图3-77

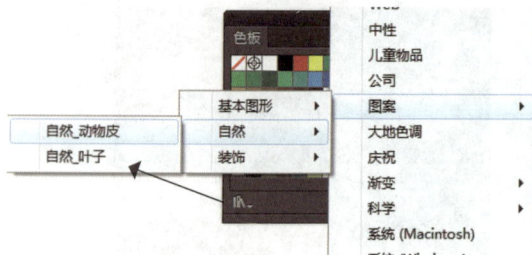

图 3-78

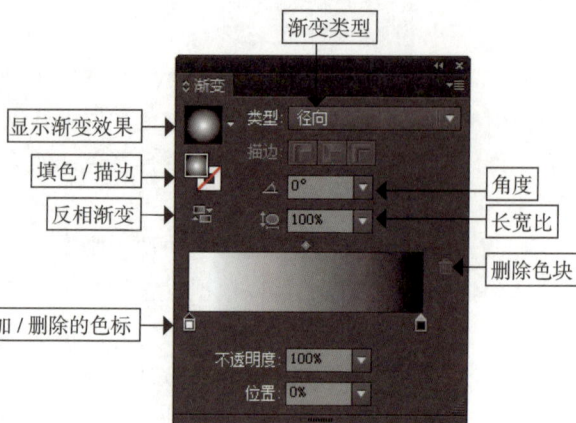

图 3-80

图 3-79

图 3-81　　　图 3-82

四、【渐变】调板与【渐变工具】

（一）【渐变】调板

执行【窗口—渐变】命令或按下【Ctrl+F9】键打开【渐变】调板，在该调板中可以对填色和描边的渐变类型、颜色、角度、长宽比、透明度等参数进行相应的设置，如图 3-80 所示。如果需要将设置好的渐变保存起来，可以单击【色板】调板中的【新建色板】按钮，将新建或修改过的渐变存储入色板，或者将此渐变从【渐变】面板中或【渐变工具】面板拖动到【色板】调板中。

Illustrator【渐变】调板中的渐变类型下拉列表中包括线性渐变与径向渐变两种类型。选择线性渐变时，渐变色按照从一端到另一端的方式进行渐变，如图 3-81 所示。选择径向渐变时，渐变色按照从中心到边缘的方式进行渐变，如图 3-82 所示。

（二）渐变工具

单击工具箱中的【渐变工具】或按【G】键，在【渐变】调板中定义将要填充/描边的对象的渐变色，在要执行【渐变】命令的对象上单击鼠标左键即可为该对象添加渐变效果。也可以在该对象上点击鼠标左键，按一定的角度和长度将鼠标拖动到一定的位置上后释放鼠标，得到渐变效果，如图 3-83 所示。如果应用径向渐变，拖动时主要是按半径大小来控制渐变效果，如图 3-84 所示。

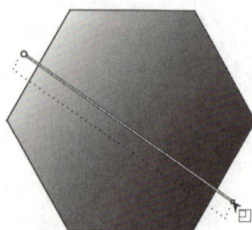 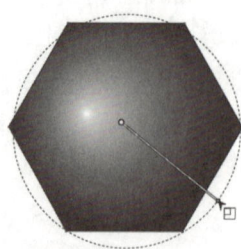

图 3-83　　　　　图 3-84

五、吸管工具

【吸管工具】可以吸取对象或文字的颜色和属性，并将这些颜色和属性复制到其他对象或文字中。选中需要更改的路径，然后选择工具箱中的【吸管工具】或按下【I】键，在原对象上点击鼠标左键吸取其中的颜色，即可将其复制到新的对象上，如图3-85所示。

图3-85

六、网格工具

使用工具箱中的【网格工具】可以为对象添加网格，还可以对网格中的锚点进行任意变换来更改或填充对象的颜色。【网格工具】的使用可以为对象制作出丰富而自然的过渡渐变效果，如图3-86所示。

网格对象中，每两条路径交叉处会有一个锚点，称为网格点。网格点和一般锚点的状态一致，并且具有锚点的所有特征，不同之处是其还具有增加颜色的功能，可以对网格点进行编辑、增加和删除，也可以更改网格点的颜色。使用工具箱中的【网格工具】，在对象内部点击鼠标左键，即可创建网格，两种方式有自动创建渐变网格和手动创建渐变网格。

图3-86

（一）自动创建渐变网格

1.由【菜单】命令创建网格

使用【直接选择工具】选择一个封闭的路径，对其执行【对象—创建渐变网格】命令，弹出【创建渐变网格】对话框，如图3-87所示。

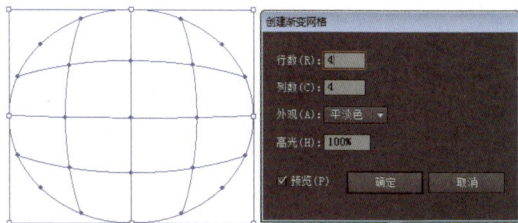

图3-87

行数：文本框中输入应用于对象的水平网格线的数值。

列数：文本框中输入应用于对象的垂直网格线的数值。（行和列的数值范围在 1 ～ 50 之间）

外观：可以创建简单的高光效果。

下拉菜单中包括：

均匀：将对象的原始颜色均匀的应用于表面，没有高光效果。

中心：创建一个位于对象中心的高光。

边缘：创建一个位于对象边缘的高光。

高光：用百分比决定高光的亮度，默认值是 100% 白色。

勾选预览：可以实时观察创建的效果。

2.由渐变填充创建网格

Illustrator 中的渐变填充物体（线性和放射性）可以完美地转化成网格填充物体，这说明渐变填充和网格填充有很多相似之处。这种转变往往可以产生【创建渐变网格】命令和【渐变工具】难以达到的渐变填充效果。

使用工具箱中的【矩形工具】，在页面中绘制一个无描边的矩形路径，选定矩形框，点击【色板】调板右边的三角形按钮，在弹出的选项中执行【打开色板库—渐变—色谱】命令，为矩形填充一个渐变色，在【渐变】调板中选择【径向渐变】。

执行【菜单对象—扩展】命令，弹出【扩展】命令对话框，勾选【填充】和【渐变网格】，如图 3-88 所示。

点击【确定】按钮之后渐变填充物体就变成了渐变网格物件，如图 3-89 所示。

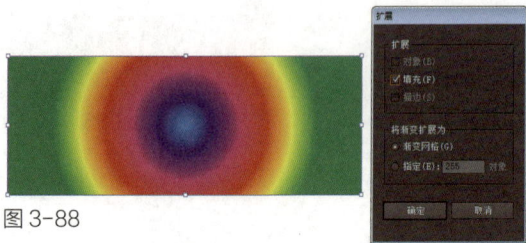

图 3-88

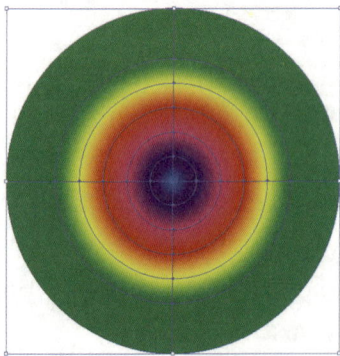

图 3-89

（二）手动创建渐变网格

Illustrator 中除了可以自动创建渐变网格，还可以手动创建渐变网格，选中要添加渐变网格的对象，单击工具箱中的【网格工具】或按下【U】键，在对象的内部点击鼠标左键，即可创建一组"十"字交叉的网格线。反复点击对象内部就可以创建多个渐变网格，如图 3-90 所示。

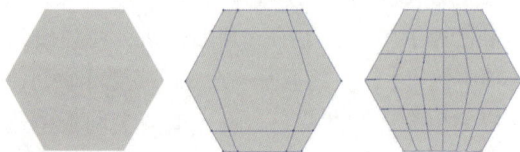

图 3-90

（三）编辑渐变网格

对网格点进行添加、删除和移动，可以利用更改网格点和面片的形式来修改网格对象。

1. 增加和减少网格密度

使用工具箱中的【网格工具】，在路径对象内部点击即可增加网格点和网格线。在填充复杂的区域需增加网格线来控制对象，但为了便于操作，不宜增加过多的网格点。

使用工具箱中的【网格工具】，按住【Alt】键点击网格线即可将其删除，删除网格点则可以一次删除与该网格点相连的网格线。

2. 网格点和网格线的编辑

编辑渐变网格和用【钢笔工具】调整曲线的方法非常相似。可以使用工具箱中的【网格工具】、【直接选择工具】、【转换锚点工具】对对象进行调整。【网格工具】一次只能选定一个网格点，因此如果要选择和移动多个网格点，应使用【直接选择工具】来进行操作。

移动单个或多个网格点时，按住【Shift】键可以使它只能沿着网格线移动。用【直接选择工具】选中整个网格片，即可一次移动网格片上的 4 个或者 3 个节点，如图 3-91 所示。

图 3-91

3. 渐变网格对象的颜色调整

（1）调节【颜色】调板为网格点或网格单元调节颜色

使用工具箱中的【网格工具】或【直接选择工具】选择网格点或网格片之后，拖动【颜色】调板上的滑块来调节颜色，产生的新颜色会立刻在网格点上反映出来。点击该调板右上角的三角形按钮，选择自己喜欢的色彩模式（CMYK、

RGB、HSB）。一般来说，HSB 模式（色相 – 饱和度 – 亮度)比较符合渐变网格的调色习惯。但是 CMYK、RGB 模式也有其自身的优点，在拖动其中一个滑块的时候按住【Ctrl】键或者【Shift】键就可以使全部滑块同时按比例移动，它可以在不改变色相的基础上提高或者降低亮度，如图 3-92 所示。

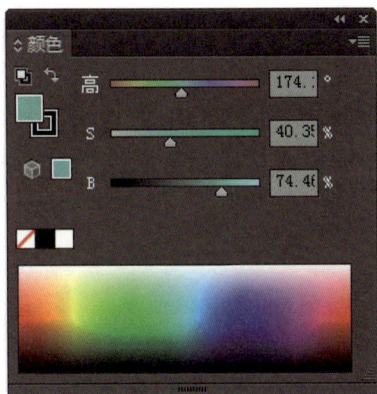

按 Ctrl 键　　按 Alt 键

使用【吸管工具】在色谱上吸取颜色

图 3-93

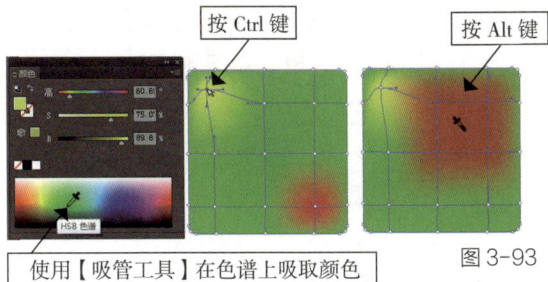

图 3-92

（2）使用【吸管工具】给网格点或网格单元上色

使用【网格工具】或【直接选择工具】选择对象的网格点或网格片之后，再选择工具箱中的【吸管工具】，即可在页面上任意吸取已有的颜色，吸取的颜色会自动应用到网格点或网格片上。

【吸管工具】不能直接吸取渐层网格物体或者渐变填充对象上的颜色，吸取颜色时需要按住【Shift】键进入强制吸色模式，才能在页面上吸取颜色，这种方法可以用于许多复杂的、具有微妙的色彩变化的对象上。

实用技巧：使用【吸管工具】是最实用的渐层网格对象填色方法。在使用【吸管工具】的同时按住【Ctrl】键可以切换到选择和调节网格点与网格片的操作中。吸取颜色之后按住【Alt】键可以切换到【滴注颜色工具】填充其他部分的颜色，如图 3-93 所示。

案例一：运用【网格工具】绘制树叶

本实例主要讲解运用【网格工具】创建逼真的树叶效果，完成效果如图 3-94 所示。

图 3-94

1. 使用工具箱中的【钢笔工具】绘制叶片的外形路径，如图 3-95 所示。

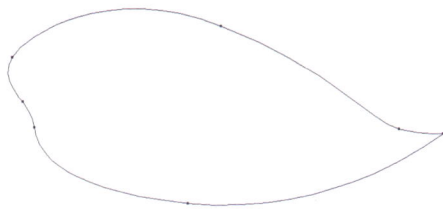

图 3-95

2. 在色板中选择一个较深的绿色对叶片进行填充，如图 3-96 所示。

图 3-96

3. 单击工具箱中的【网格工具】为此填充路径手动添加渐变网格，如图 3-97 所示。

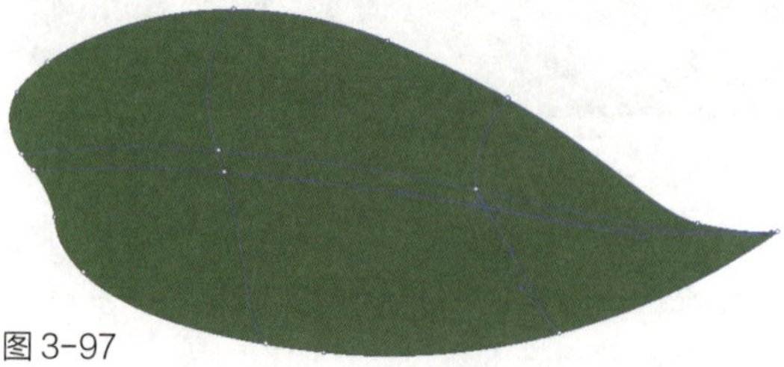

图 3-97

4. 使用【选择工具】对叶片进行旋转，按叶脉的方向建立网格，尽量使叶片的两个尖角位于同一条水平线上，如图 3-98 所示。

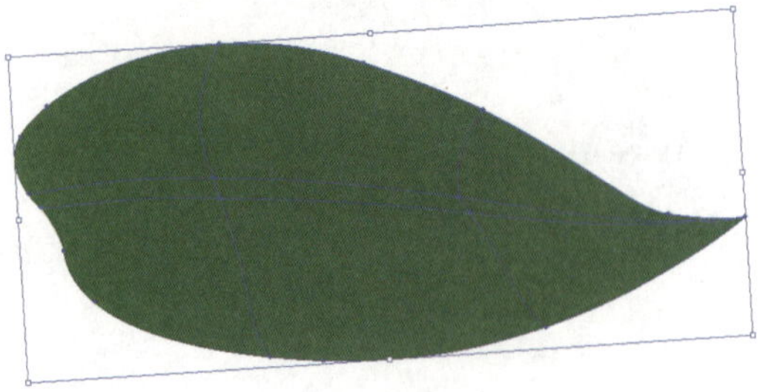

图 3-98

5. 在对象上点击鼠标右键，在弹出菜单中选择【变换—重置定界框】选项，如图 3-99 所示。

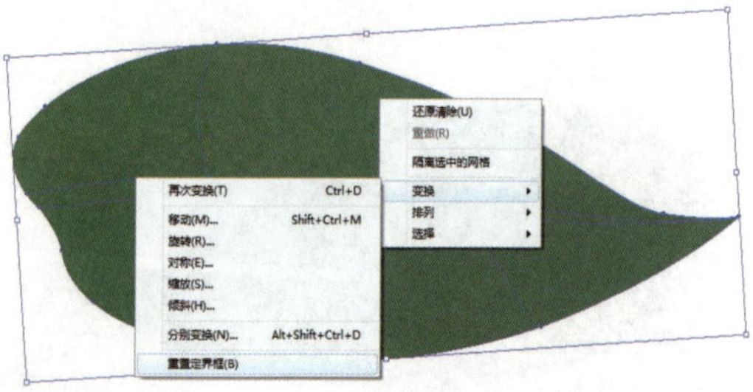

图 3-99

6. 重置定界框后的效果如图 3-100 所示。

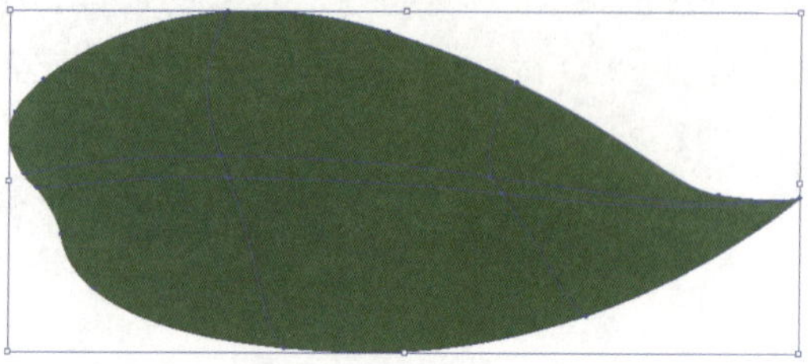

图 3-100

7. 继续使用【网格工具】为对象增加网格。重置定界框后，就能在相应的位置上轻松描绘出网格线和叶脉的方向了，如图 3-101。

图 3-101

说明：Illustrator 是按照绑定框的方向来建立渐变网格的，在很难建立合适方向网格线的时候，可以尝试给定界框换一个方向，再进行建立。

9. 给叶脉填充较明亮的黄绿色，如图 3-102 所示。

图 3-102

10. 使用【直接选择工具】、【套索工具】、【转换锚点工具】继续建立网格结构，编辑和拖动锚点绘制出延伸的叶脉，如图 3-103 所示。

图 3-103

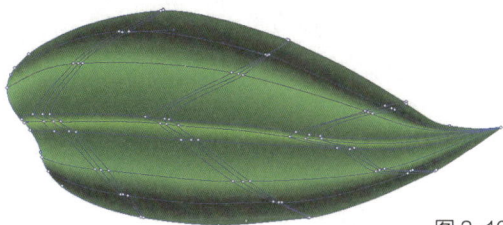

图 3-105

注意：不要一次性建立所有的网格线，因为太多的网格点会增加填充的难度，要养成边添加网格线边填色的习惯。

11. 使用【套索工具】选择叶片上半部和下半部的一组网格点，在【调色板】上调出一个较暗的颜色，如图 3-104 所示。

12. 继续使用【套索工具】选择叶片上半部第二行和下半部第二行的一组网格点，在【调色板】上调出一个较亮的颜色，如图 3-105 所示。

13. 使用【直接选择工具】选择延伸出的叶脉中间网格点，再选择工具箱的【吸管工具】吸取主叶脉的颜色对其进行填充，如图 3-106 所示。

14. 按下【Ctrl + 空格】键，切换到【放大镜工具】放大视图，用【直接选择工具】移动末端的节点，调整出叶柄的形状，如图 3-107 所示。

15. 按下【Ctrl+H】隐藏网格线，查看填充的效果，如图 3-108 所示。

16. 最后使用工具箱中的【钢笔工具】绘制叶片的投影，执行【效果—模糊—高斯模糊】命令，为叶片添加投影，如图 3-109 所示。

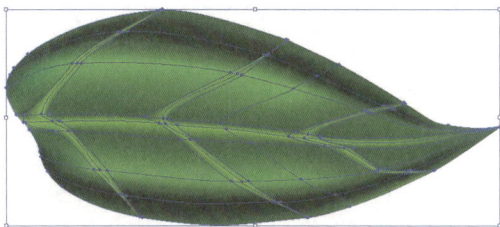

图 3-106

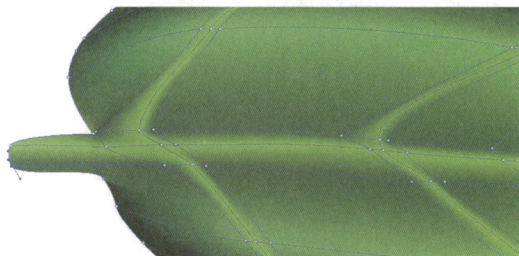

图 3-107

图 3-108

图 3-104

图 3-109

053

案例二：彩色图像转换为灰度图像

素材文件存放位置：章节案例 / 第三章 / 第二节 素材案例 / 案例一。

本案例主要讲解将彩色对象转换为灰度对象的四种方法。

方法一：执行【转换为灰度】命令

1. 在 Illustrator 中打开文件【彩色图像转换为灰度图像素材 .ai】，如图 3-110 所示。

2. 使用【选择工具】选中对象，然后执行【编辑—编辑颜色—转换为灰度】命令，对象就直接转换为灰度，如图 3-111 所示。这种方法是最快捷、最通用的方法。

图 3-110

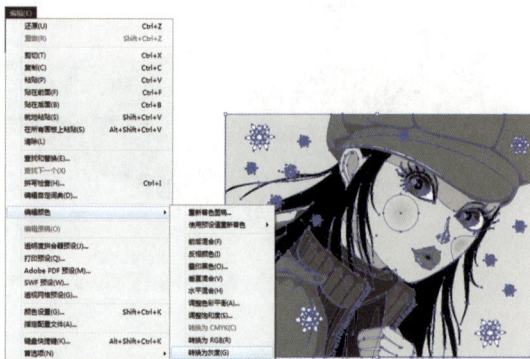

图 3-111

方法二：执行【调整色彩平衡】命令

这种方法可对对象的黑色进行控制。按下【Ctrl+Z】键还原方法一中的灰度图。使用【选择工具】选中对象，执行【编辑—编辑

颜色—调整色彩平衡】命令，弹出【调整颜色】对话框。在色彩模式下拉菜单中选择【灰度】，勾选【预览】和【转换】的复选框，即可使用滑动条调整黑色的百分比形成灰度效果，如图3-112所示。

图 3-112

方法三：执行【调整饱和度】命令

如果想对灰度进行更多的操作，可以尝试降低饱和度选项这一方法。按下【Ctrl+Z】键还原当前对象。使用【选择工具】选中对象，执行【编辑—编辑颜色—调整饱和度】命令，如图 3-113 所示。在弹出的【饱和度】对话框中，勾选【预览】复选框，向左拖动强度滑块来观察灰度效果，如图 3-114 所示。

图 3-113

图 3-114

方法四：执行【重新着色图稿】命令

【重新着色图稿】可以对灰度图进行更多的调整和编辑。按下【Ctrl+Z】键还原当前对象。使用【选择工具】选中对象，执行【编辑—编辑颜色—重新着色图稿】命令或者在【颜色参考】调板下点击【重新着色图稿】按钮，弹出【重新着色图稿】对话框，如图3-115所示。

在【重新着色图稿】对话框中，将颜色数下拉选项设置为1。然后双击填充色，在弹出的【拾色器】中选择黑色，即可将对象转换成灰度效果。

图 3-116　　　　　　　　　　图 3-117

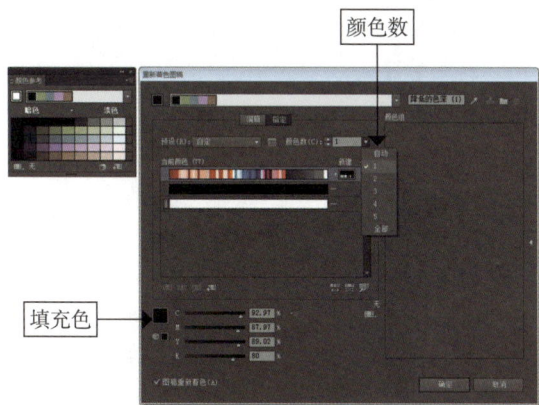

图 3-115

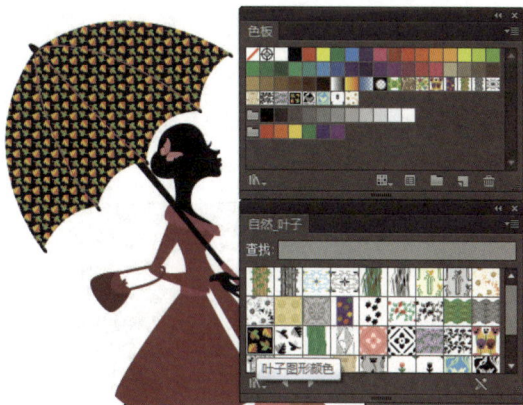

图 3-118

案例三：为对象填充花图案

素材文件存放位置：章节案例／第三章／第二节 素材案例／案例二。

本案例主要讲解通过【图案填充】对图中的雨伞和衣服添加图案效果，如图3-116所示。

1.打开文件【为对象填充花图案素材.ai】，使用【选择工具】选择雨伞的外轮廓，如图3-117所示。

2.执行【窗口—色板】命令，弹出【色板】调板，单击该调板底部的【色板库】菜单按钮，在打开的快捷菜单中执行【图案—自然—叶子】命令，选择叶子图形【颜色】选项，该图案即被填充到雨伞上，如图3-118所示。

3.使用同样的方法为女孩的裙子填充【野花颜色】图案，如图3-119所示。

图 3-119

055

第三节 图像的实时描摹

在 Illustrator 中可以【置入】位图，也可以将位图转换为矢量图，转换后的矢量图能快速地进行对象的堆叠编辑。【置入】位图素材后，在属性栏中单击【实时描摹】按钮，就可以快速将位图转换为矢量图，此时即可对该图的路径和锚点进行编辑。

一、快速描摹图稿

新建 A4 页面文件，然后置入文件【图 3-20 素材 .jpg】，单击属性栏中的【实时描摹】按钮或执行【对象—图像描摹—建立】命令描摹图稿，如图 3-120 所示。

在默认状态下描摹完成的图稿呈现黑白效果，如图 3-121 所示。

图 3-120

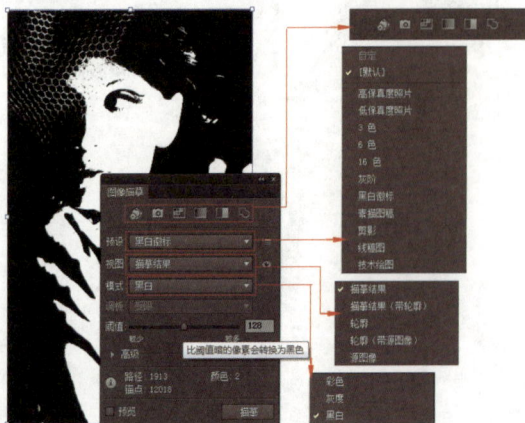

图 3-121

二、描摹选项

对【置入】的位图执行【快速描摹】命令后，往往会受明度和纯度的对比关系的影响效果不够理想。要解决这个问题，可以在 Photoshop 中重新对其调整色阶或者调整明暗反差，还可以通过运用 Illustrator 图像描摹选项做适当的调整，如图 3-122 所示。

执行【窗口—图像描摹】命令，弹出【图像描摹】调板。置入素材文件后，可以对描摹进行预设、视图的预览、模式阈值及高级设置。

第一排【选项】按钮其实就是对象的【快速描摹】按钮，它包含自动着色、高色、低色、灰度、黑白、轮廓等快速描摹默认设置。

预设：包含描摹的类别。

视图：包含描摹结果的状态。

模式：包含彩色、灰度或黑白选项。

阈值：通过滑块可控制描摹的反差程度。

图 3-122

三、将描摹转换为路径

对象被描摹后，虽然具有了矢量图的外观特征，但还不具有矢量图的编辑特征。所以需要对图像执行【对象—实时描摹—扩展】命令或者直接点击属性栏的【扩展】按钮。将描摹对象转换为可编辑的路径，如图 3-123 所示。

执行【对象—描摹图稿—释放】命令，释放描摹效果，保留原始置入的位图，如图 3-124 所示。

图 3-123

图 3-124

四、将描摹选项转换为实时上色对象

当图像被扩展以后，就具备了可编辑的路径和锚点，在对象不取消编组的情况下，也可以对图像的局部进行着色。

使用工具箱中的【选择工具】选中对象，点击工具箱中的【实时上色工具】或按下【K】键，选择一个填充色，在图像的人脸和手臂处单击鼠标左键，即可为图像进行着色，如图 3-125 所示。

图 3-125

案例一：应用【实时描摹】快速制作商业海报

素材文件存放位置：章节案例 / 第三章 / 第三节。

本案例主要讲解应用【实时描摹等工具】制作一幅商业海报，完成效果如图 3-126 所示。

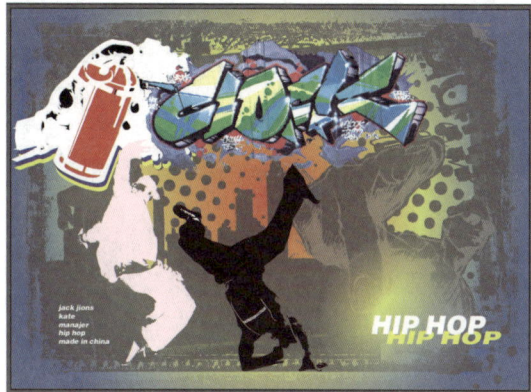

图 3-126

具体操作步骤如下：

1. 在 Illustrator 中新建一个 A3 幅面的文件，使用工具箱中的【矩形工具】拖出和 A3 幅面同等大小的矩形框，在【渐变】调板中选择径向渐变，将其设置为【橘红色—浅黄色—浅蓝色】渐变，调整渐变滑块的位置，为矩形填充渐变效果，无描边，如图 3-127 所示。

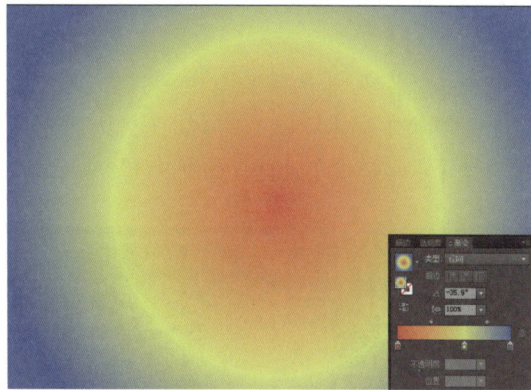

图 3-127

2. 执行【文件—置入】命令，置入文件【背景图素材 .psd】，点击属性栏中的【嵌入】按钮，将图片嵌入到文件中，使用【直接选择工具】，按住【Shift】键，拖动对象的选择边框对其进行同比例拉伸，如图 3-128 所示。

图 3-128

3. 单击【透明度】调板中的【混合模式】按钮，在弹出的选项中选择【排除】，这时置入的图片就与渐变矩形产生了混合效果，如图 3-129 所示。

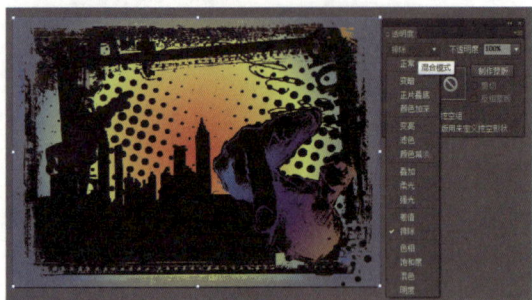

图 3-129

4. 执行【文件—置入】命令，置入文件【道具素材 .psd】，使用【选择工具】将其拉伸和旋转，单击工具箱中的【镜像工具】，为置入的道具素材做【水平镜像】处理，如图 3-130 所示。

图 3-130

5. 单击工作区中的【图像描摹】调板，选择【黑白描摹】选项，将阈值滑块向右拖到 245，勾选【预览】复选框，观察描摹效果，如图 3-131 所示。

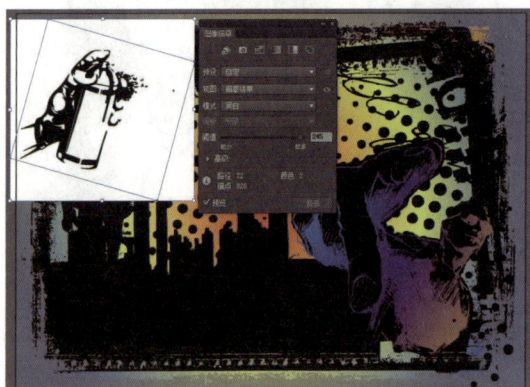

图 3-131

6. 在属性栏中单击【扩展】按钮，将描摹对象扩展成可编辑的路径和锚点，在对象上单击鼠标右键，在弹出的快捷菜单中选择【取消编组】，再次单击鼠标右键，在弹出的快捷菜单中选择【释放复合路径】，接下来就可以对局部的路径填充颜色了，为对象的黑色区域填充白色，其他空白的区域填充红色与黑色，如图 3-132、图 3-133 所示。

图 3-132

图 3-133

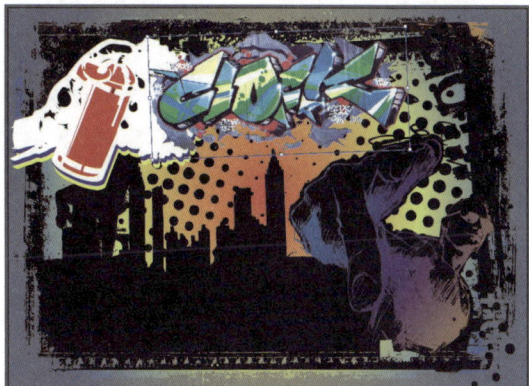

图 3-135

7. 使用【选择工具】选中对象的外框，按住【Alt】键并拖动鼠标复制外框，【Ctrl+D】执行【重复复制】命令，将外框填充成蓝色和黄色并互相堆叠，如图 3-134 所示。

图 3-136

图 3-134

10. 单击属性栏中的【实时描摹】按钮，为图像进行【黑白徽标】类型的实时描摹并执行【扩展】命令。单击鼠标右键，在弹出的快捷菜单中选择【取消群组】，如图 3-137 所示。

8. 执行【文件—置入】命令，置入文件【涂鸦素材 .psd】，使用【选择工具】将其拖放到海报中，调整素材的大小并将其放至合适的位置，如图 3-135 所示。

9. 执行【文件—置入】命令，置入文件【01人物素材 .jpg】，使用【选择工具】将其拖放到海报中，调整素材的大小并将其放至合适的位置，如图 3-136 所示。

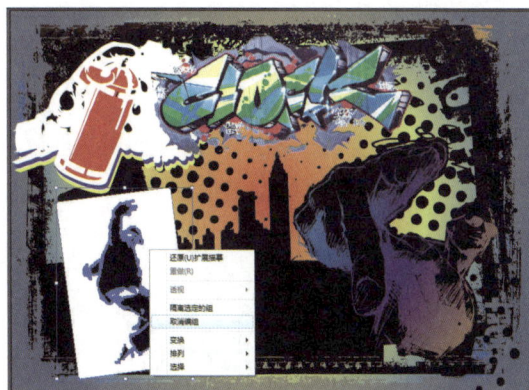

图 3-137

11. 再次单击鼠标右键，在弹出的快捷菜单中选择【释放复合路径】，如图 3-137 所示。

12. 点击人物背景的白色区域，按下【Delete】键删除，如图 3-138 所示。使用【选择工具】框选人物（框选的前提是已经锁定了人物下面的堆叠对象），在【色板】调板中选择粉红色对其进行填充，如图 3-139 所示。

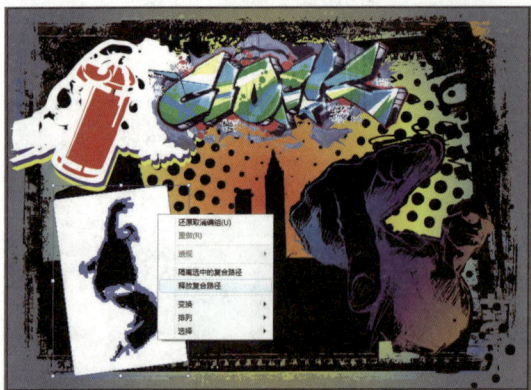

图 3-138

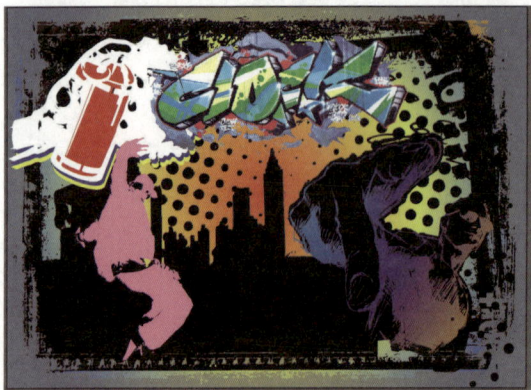

图 3-139

13. 执行【文件—置入】命令，置入文件【02人物素材 .jpg】，使用【选择工具】将其拖放到海报中，调整素材的大小，并将其放至合适的位置，如图 3-140 所示。

14.02 人物素材描摹和填充方法与 01 人物素材基本相同，不同的是需对【图像描摹】调板的阈值进行设置，如图 3-141 所示。

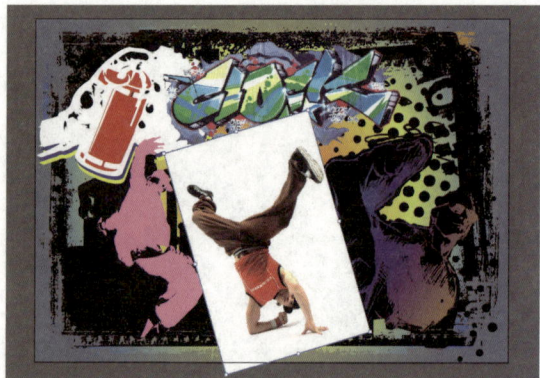

图 3-140

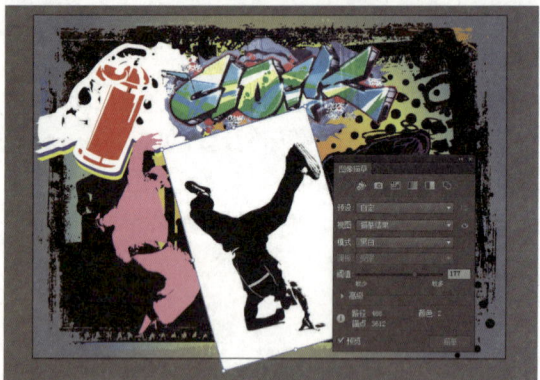

图 3-141

15. 对对象的描摹和填充操作完成后，再对海报的基本效果和素材的位置进行一些细微的调整，如图 3-142 所示。

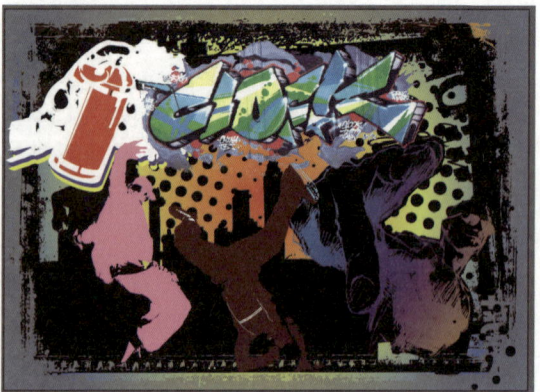

图 3-142

16.通过观察发现，前后对象的色彩反差较大，需要对其做一些调整，单击属性栏中的【重新着色工具】，为置入的对象进行色相、明度和纯度的调整，点击【透明度】调板对背景素材的透明度做适当的调整，将透明度调整为45%，如图3-143所示。

图3-143

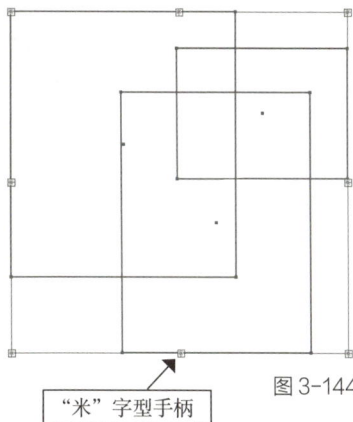

"米"字型手柄

图3-144

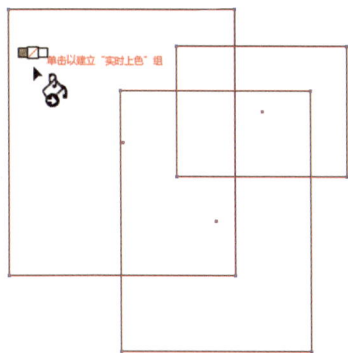

图3-145

第四节 实时上色

【实时上色】即根据路径和形状的平面分割进行上色。使用普通的填充手段只能对某个对象进行填充，而【实时上色工具】则可以给任何对象的表面区域进行上色。

一、【实时上色】组

【实时上色工具】主要针对实时上色组进行操作，这就需要将路径描绘的一组普通图形或实时描摹对象进行转换建立实时上色组。

单击工具箱中的【矩形工具】，在页面中绘制三个互相重叠的矩形，选择工具箱中的【选择工具】，将这三个矩形框选，然后执行【对象—实时上色—建立】命令，或按下【Ctrl+Alt+X】键。此时对象上出现如图3-144所示的"米"字形手柄，这表明该对象已经转换为【实时上色】组。也可以用【实时上色工具】将选中的对象直接移动到该对象上，光标出现提示【单击以建立[实时上色]组】时，在对象上单击鼠标左键即可对该区域进行上色，如图3-145所示。

二、实时上色工具

【实时上色工具】可以按照建立好的【实时上色】组对对象进行上色。

在【色板】调板或【拾色器】中选择一种颜色，选择工具箱中的【实时上色工具】，将其移动到【实时上色】组上，这时会突出显示分割线内的线条，如图3-146所示。单击鼠标左键即可为分割线内的对象进行上色，如图3-147所示。鼠标移动到其他对象上时，还可以继续为其他对象上色。

【实时上色工具】还可以对图形进行描边上色，双击工具箱中的【实时上色工具】，弹出【实时上色工具选项】对话框，勾选【描边上色】复选框。将光标移至对象的边缘，单击边缘即可为对象进行描边上色，如图3-148所示。

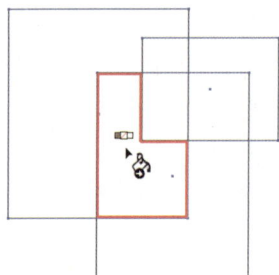

图 3-146

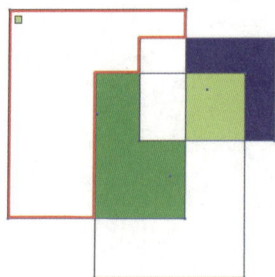

图 3-147

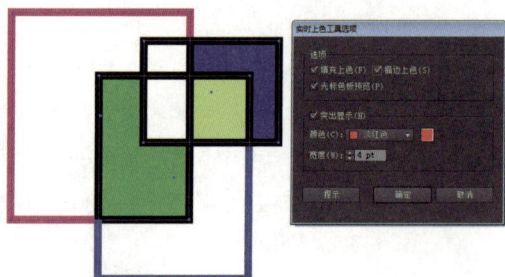

图 3-148

三、实时上色选择工具

【实时上色选择工具】用来选择实时上色组的各个相交的面和描边。【实时上色】组的路径可以是使用【直接选择工具】选择，【实时上色选择工具】只用于选择的相交的面或描边，使用时只需要单击鼠标左键，对象会以半透明的网纹效果呈现，打开文件【图 3-21 素材 .ai】，如图 3-149 所示。在对象上使用工具箱中的【实时上色选择工具】并点击鼠标左键，在弹出的【实时上色工具选项】对话框设置相应参数，如图 3-150 所示。

如果要选择具有多个相交的面和描边，使用【实时上色选择工具】框选这些区域，如图 3-151 所示。使用【实时上色选择工具】框选对象后的效果如图 3-152 所示。

使用【选择工具】选中对象后执行【选择—相同】命令，在弹出的子菜单中选择【填充颜色】【描边颜色】或【描边粗细】命令，即可选择具有相同填充和描边的相交的面，如图 3-153 所示。

四、修改或扩展实时上色组

【扩展实时上色】组是将实时上色组扩展为普通图形，使用【选择工具】选择【实时上色】组，单击属性栏的【扩展】按钮或执行【对象—实时上色—扩展】命令即可对其进行转换。

选择实时上色组后，执行【对象—实时上色—释放】命令，这样就还原了原来的描边和填充路径，这时即可对路径进行修改和编辑。

图 3-149

图 3-150

图 3-151　　　　　　　　　图 3-152　　　　　　　　　图 3-153

案例：使用【实时上色】组和【实时上色工具】制作五环图形

本案例主要讲解使用【实时上色】组和【实时上色工具】制作五环图形，效果如图 3-154 所示。

具体操作步骤如下：

1. 新建 A4 幅面文件，使用工具箱的【椭圆形工具】按住【Shift】键绘制一个正圆形，描边设置为黑色，无填充，如图 3-155 所示。

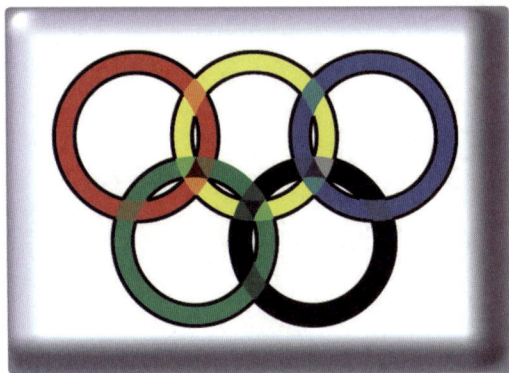

图 3-154

2. 执行【对象—路径—偏移路径】命令，弹出【偏移路径】对话框，在位移栏中输入 2cm，勾选【预览】复选框，观察偏移路径效果，点击【确定】按钮，如图 3-156 所示。

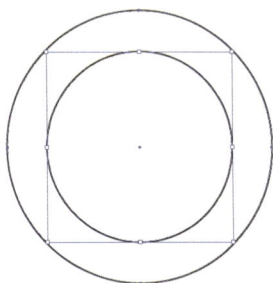

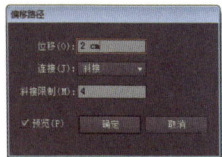

图 3-156

3. 使用【选择工具】选中同心圆，按住【Alt】键拖动鼠标复制出四个同心圆，并将其移动到合适的位置上，如图 3-157 所示。

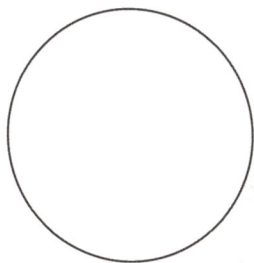

图 3-155

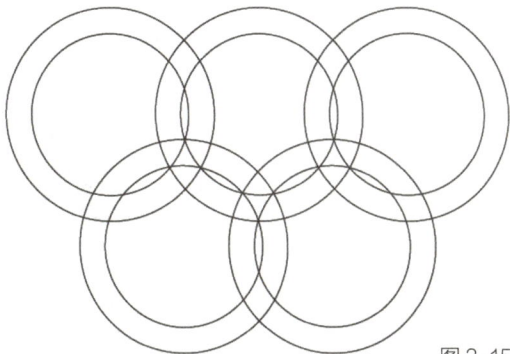

图 3-157

4.按下【Ctrl+A】键，全选五个同心圆，执行【对象—实时上色—建立】命令，将对象转换为实时上色组，如图 3-158 所示。

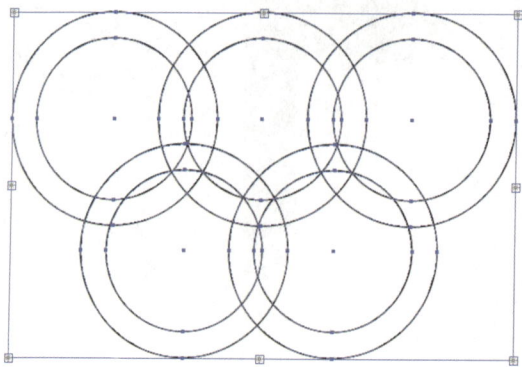

图 3-158

5.在工具箱中单击【实时上色工具】，选择色板上相应的颜色对【实时上色】组中相交的面进行填充和描边，如图 3-159 所示。

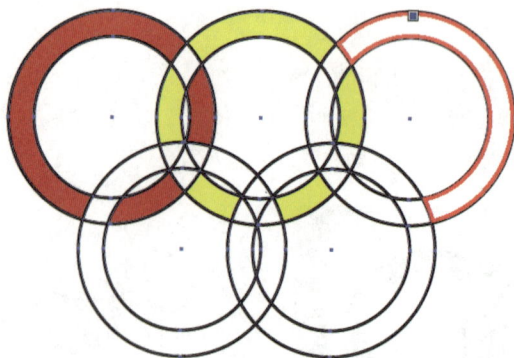

图 3-159

6.执行【对象—实时上色—扩展】命令可对五环的路径及锚点进行编辑，完成效果如图 3-160 所示。

图 3-160

第四章
对象的编辑

本章导读

　　第三章主要讲解在 Illustrator CS6 中对对象进行选择、移动、变换、旋转和对齐等基本操作，以及矢量对象的色彩设计和描边着色等相关内容。本章将在熟悉对象基本操作的基础上对矢量对象展开高级编辑的讲解。Illustrator CS6 中包含多种对图形进行操作和编辑的工具，例如【液化工具】可以使对象产生丰富的变形效果；【路径查找器工具】可以快速地制作复杂图形等。

精彩看点

- 路径的高级编辑
- 【液化工具】的使用
- 【形状生成器工具】
- 路径查找器编辑复杂路径
- 使用封套进行扭曲与变形路径
- 实时上色

第一节　路径的高级编辑

　　Illustrator CS6 工具箱中的【路径选择工具】和【路径绘制工具】是描绘路径的基础。对路径进行修改和编辑时，必须了解路径的高级编辑功能。执行【对象—路径】命令，在打开的子菜单中包含了多个用于路径高级编辑的命令选项，如图 4-1 所示。

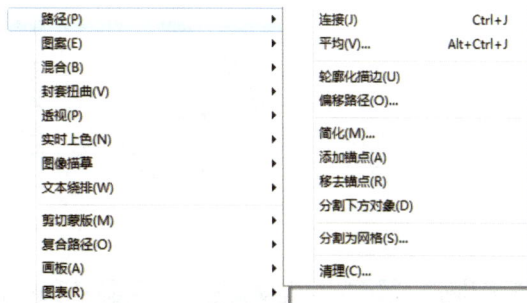

路径(P)	▶		连接(J)	Ctrl+J
图案(E)	▶		平均(V)...	Alt+Ctrl+J
混合(B)	▶			
封套扭曲(V)	▶		轮廓化描边(U)	
透视(P)	▶		偏移路径(O)...	
实时上色(N)	▶		简化(M)...	
图像描摹	▶		添加锚点(A)	
文本绕排(W)	▶		移去锚点(R)	
剪切蒙版(M)	▶		分割下方对象(D)	
复合路径(O)	▶		分割为网格(S)...	
画板(A)	▶		清理(C)...	
图表(R)	▶			

图 4-1

一、连接

连接命令可以将两条路径连接起来，还可以对没有闭合的路径或开放路径进行闭合。连接多条路径时，首先要查找端点距离最近的路径进行连接。

在页面中使用工具箱中的【钢笔工具】绘制一条开放的路径，点击【直接选择工具】，选择需要连接的两个端点，然后执行【对象—路径—连接】命令或按下【Ctrl+J】键，两个端点以添加直线段的方式进行连接，如图4-2、图4-3所示。

如果需要将闭合的路径断开，使用工具箱中的【剪刀工具】或按下【C】键，在锚点上单击鼠标左键即可。

二、平均

执行【平均】命令可将选中的多个锚点移动到当前页面的中部。选中两条路径中要进行分布的锚点，执行【对象—路径—平均】命令或按下【Ctrl+Alt+J】键，弹出【平均】对话框，如图4-4所示。

三、轮廓化描边

执行【轮廓化描边】命令可将所选中的描边路径转换成可填充的对象，转换后的对象即形状。在页面中绘制一条路径，将描边设置为40pt（描边的大小决定了对象的形状），执行【对象—路径—轮廓化描边】命令，将该路径转换为轮廓，这时即可对转换好的形状进行编辑，如图4-5所示。

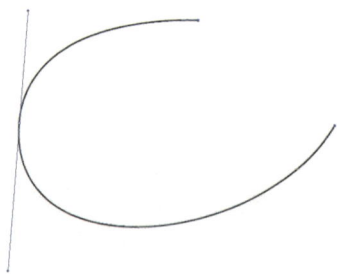

图 4-2

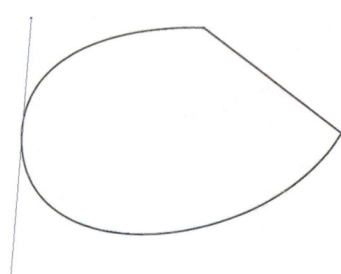

图 4-3

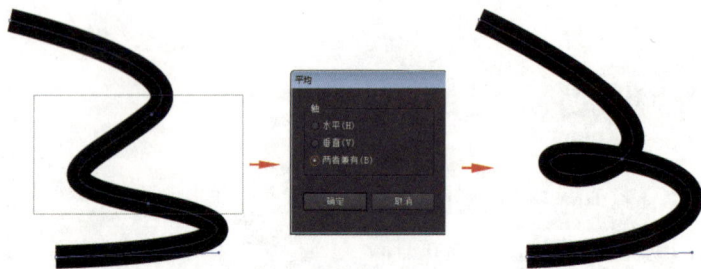

图 4-4

1 2 3

图 4-5

四、偏移路径

【偏移路径】命令可将原路径进行偏移后重新创建出新的路径，特别适合创建同心的图形和制作带有厚度感的图形，在页面中使用工具箱中的【钢笔工具】绘制一个图形，选中该图形，执行【对象—路径—偏移路径】命令，弹出【偏移路径】对话框，在该对话框中设置相应参数如图 4-6 所示。

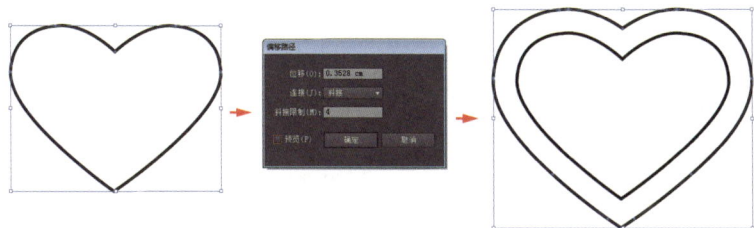

图 4-6

五、简化

【简化】命令可以在不改变路径形状的情况下删除多余的锚点。打开文件【图 4-1 素材 .ai】，选中该图形，执行【对象—路径—简化】命令，弹出【简化】对话框，设置简化路径的曲线精度（0% ～ 100%）、角度阈值（平滑度在 0 度 ～ 180 度之间）、直线复选框（在对象的原始锚点之间创建直线）、显示原路径（显示简化路径背后的原路径），如图 4-7 所示。

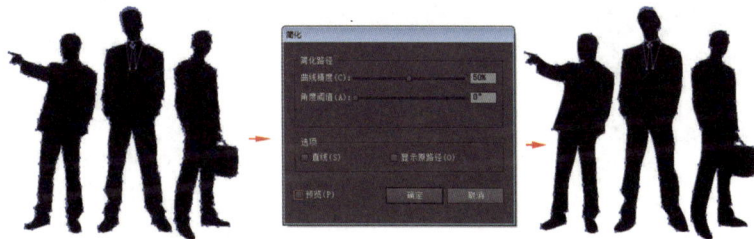

图 4-7

六、添加锚点

【添加锚点】命令可以在路径上成倍地快速添加锚点。使用工具箱中的【直线工具】在页面中绘制一个路径，对该路径执行【对象—路径—添加锚点】命令，如图 4-8 所示。

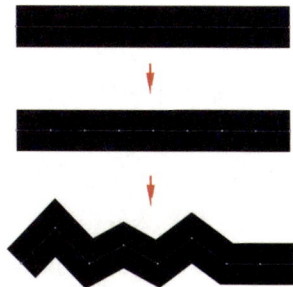

图 4-8

七、减去锚点

【减去锚点】命令可以在不影响路径闭合的前提下将路径上多余的锚点删除。使用工具箱中的【多边形工具】在页面中绘制一个路径，使用【直接选择工具】选中该路径的一个锚点，执行【对象—路径—减去锚点】命令，如图4-9所示。

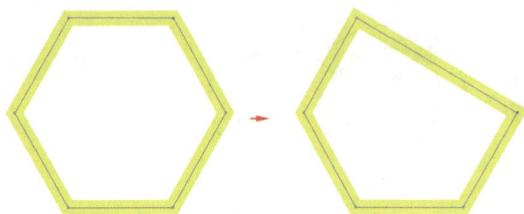

图4-9

八、分割为网格

【分割为网格】命令可以将一个路径或多个路径转换为网格。打开文件【图4-2素材.ai】，选中该图形，执行【对象—路径—分割为网格】命令，弹出【分割为网格】对话框，在该对话框中对行与列（定义行列的数量）、高度与宽度（定义每一行和列的大小）、栏间距（定义行与列间的距离）、总计（定义行与列总的尺寸）进行设置，并勾选添加参考线（按行列的表格形态定义出参考线）、预览（实时观察设置的效果），如图4-10所示。

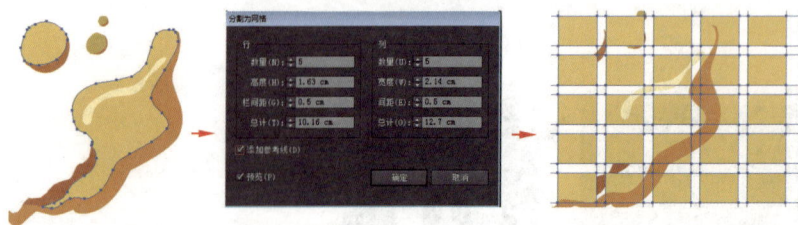

图4-10

九、清理

【清理】命令可以清理整个文档中没有使用的对象。执行【对象—路径—清理】命令，弹出【清理】对话框，在该对话框中勾选相应的选项，点击【确定】按钮即可对文档进行清理。【清理】对话框包括游离点（删除未使用的单独锚点对象）、未上色对象（删除未认定填充和描边颜色的路径对象）、空文本路径（删除没有任何文字的文本路径对象）三个选项，如图4-11所示。

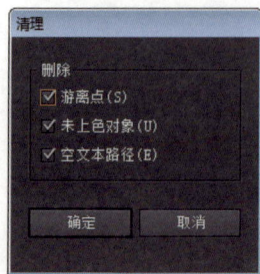

图4-11

第二节 对象的液化

工具箱中的【液化变形工具】组可以使对象产生丰富的变形效果，它们都是可以使路径的形状发生改变的工具。该工具组包括【宽度工具】、【变形工具】、【旋转扭曲工具】、【缩拢工具】、【膨胀工具】、【扇贝工具】、【晶格化工具】和【褶皱工具】。

一、宽度工具

工具箱中的【宽度工具】能改变路径描边形态。使用【宽度工具】利用添加并拖拽锚点的方法制作描边变形效果。可以将创建好的描边形状保存到其他画笔效果中，以便随时调出使用。

使用工具箱中的【矩形工具】绘制一个矩形，将描边设置为20pt，单击工具箱中的【宽度工具】将鼠标移动到锚点上，按下鼠标左键并拖拽到适当的位置后释放鼠标，效果如图4-12所示。

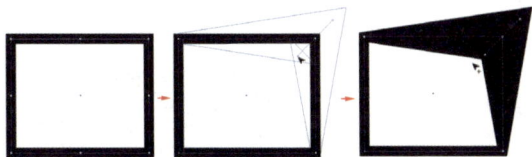

图4-12

还可以使用【宽度工具】添加锚点，将鼠标移动到矩形路径的任意位置，路径上会出现预添加锚点的位置点，在该点上点击并拖动鼠标会形成与位置点两侧对应的宽度点，位置点可以无限添加，拖出的描边形状如图4-13所示。在宽度点上按下【Alt】键并拖拽鼠标即可改变宽度点。

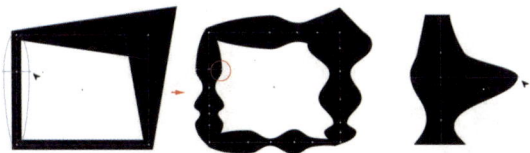

图4-13

双击【宽度工具】，弹出【宽度点数编辑】对话框，在该对话框中可以对宽度选项的边线和总宽度的参数进行相应的设置，如图4-14所示。

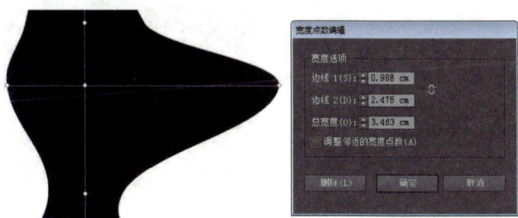

图4-14

二、液化工具

（一）形状的变形

使用【变形工具】，通过拖动鼠标使对象的路径变形。打开文件【图4-3素材.ai】，选择树叶的外框路径，单击工具箱中的【变形工具】或按下【Shift+R】键，在上端的树叶上单击并拖动鼠标，被拖动的路径形状变形效果如图4-15所示。

图4-15

双击工具箱中的【变形工具】，弹出【变形工具选项】对话框，在该对话框中设置相应的参数：全局画笔尺寸的设置有宽度和高度（设置画笔的大小）、角度（设置画笔的角度）、强度（设置鼠标按压的力度）；变形选项的设置有细节（设置画笔的精细程度，数值越高则越精细）、简化（设置【变形工具】在拖动对象变形时的简化程度，范围是0.2～100）；【显示画笔大小】复选框，如图4-16所示。

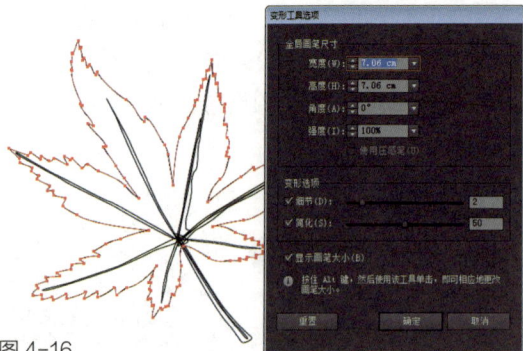

图 4-16

（二）形状的旋转扭曲

【旋转扭曲工具】可以使对象产生旋转扭曲变形效果。首先绘制一个风车图形（也可以打开文件【图 4-4 素材 .ai】），选中该图形，使用工具箱中的【旋转扭曲工具】，将鼠标移至图形上按下左键并拖动，图形就产生旋转扭曲变形，如图 4-17 所示。

双击工具箱中的【旋转扭曲工具】，弹出【旋转扭曲工具选项】对话框，在该对话框中设置相应的参数，如图 4-18 所示。

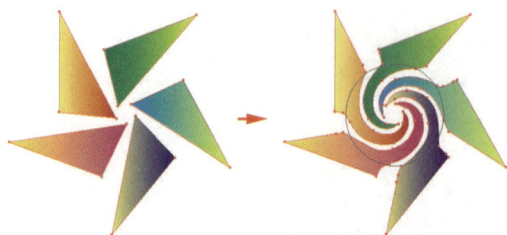

图 4-17

图 4-18

（三）形状的缩拢与膨胀

【缩拢工具】和【膨胀工具】都是通过向"十"字线的方向移动控制点来使对象产生收缩或扩展效果。打开文件【图 4-5 素材 .ai】，选中该对象，单击工具箱中的【缩拢工具】，然后将鼠标移动至对象需要缩拢的位置上按住鼠标左键，图形即可产生缩拢变形效果，按住鼠标的时间与收缩的程度成正比，如图 4-19 所示。

双击工具箱中的【缩拢工具】，弹出【收缩工具选项】对话框，在该对话框中设置相应的参数，如图 4-20 所示。

与【缩拢工具】的使用方法相反，【膨胀工具】使图形沿"十"字线方向扩展产生变形效果，如图 4-21 所示。

图 4-19

图 4-20

图 4-21

（四）形状的扇贝形态

【扇贝工具】可以为对象的路径添加更多弯曲的细节，使对象产生类似扇贝状的起伏效果。打开文件【图4-6素材.ai】，使用【选择工具】选中对象，单击工具箱中的【扇贝工具】，将鼠标移动到图形的右边路径上并按下鼠标左键，按住鼠标的时间与变形的程度成正比，如图4-22所示。

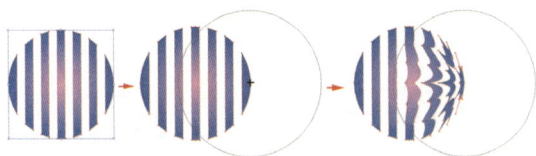

图4-22

双击工具箱中的【扇贝工具】，弹出【扇贝工具选项】对话框，该对话框中的设置与【变形工具选项】对话框的设置参数类似，不同的是【扇贝工具选项】对话框取消了【简化】复选框，增加了【画笔影响内切线手柄】复选框（勾选后将对图形的内切线手柄进行控制）、【画笔影响外切线手柄】复选框（勾选后将对图形的外切线手柄进行控制），如图4-23所示。

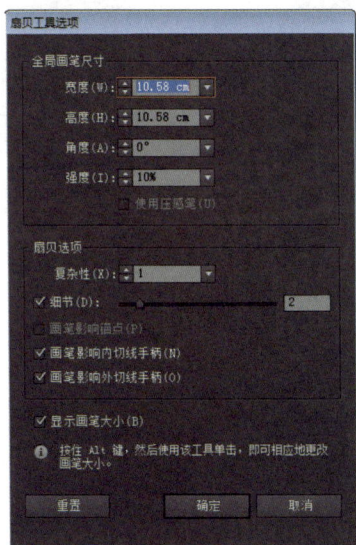

图4-23

（五）形状的褶皱与晶格化

【褶皱工具】可以为对象的路径添加更多褶皱，使对象产生类似褶皱状的效果。打开文件【图4-7素材.ai】，使用【选择工具】选中对象，单击工具箱中的【褶皱工具】，将鼠标移动到图形的中心偏上的路径上，直接点击并按下鼠标左键，如图4-24所示。

双击工具箱中的【褶皱工具】，弹出【褶皱工具选项】对话框，该对话框中的设置与【扇贝工具选项】对话框的设置参数相同。

【晶格化工具】与【褶皱工具】的区别在于，【晶格化工具】可以为对象的轮廓添加随机推出的细节，对象表面会产生尖锐凸起的效果。

图4-24

下面通过一个案例来制作晶格化效果：

1. 新建A4页面，使用工具箱中的【椭圆工具】绘制一个正圆形，如图4-25所示。

图4-25

2. 在工具箱中双击【晶格化工具】，弹出【晶格化工具选项】对话框，将宽度和高度调整到最大值，如图4-26所示。

3. 将鼠标移动至正圆的圆心处，按下鼠标左键，即可完成晶格化对象的变形，如图4-27所示。

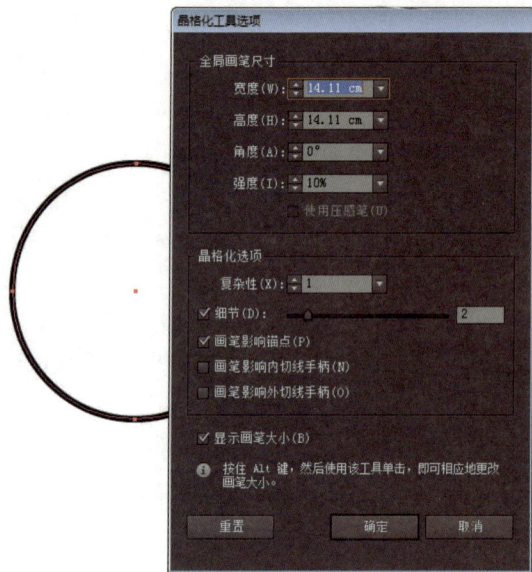

图 4-26

该对象表面分割的路径内部会以半透明网纹的状态显示，黑色箭头光标的下方会出现一个【＋】号。在这个对象上点击鼠标左键并将其拖动到另一个对象上，直至出现半透明网纹后释放鼠标，如图 4-30 所示。再次执行相同操作，两个对象的路径就合并为一个新对象，如图 4-31 所示。

完成后的效果，如图 4-32 所示。

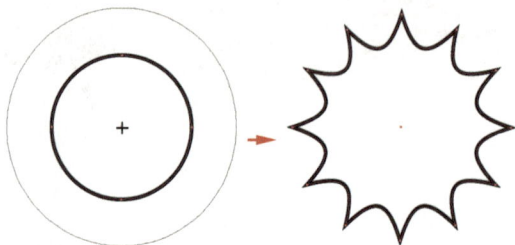

图 4-27

图 4-28

图 4-29

第三节 形状生成器工具

【形状生成器工具】是一种通过合并或抹除简单形状创建复杂形状的交互式工具。对于简单的复合路径有效，使用此工具可以对选择的对象高亮显示，并且可以合并为新形状的边缘和闭合选区。

一、形状的合并与抹除

新建 A4 页面，在页面中绘制如图 4-28 所示图形，使用【选择工具】选中所有对象，单击工具箱中的【形状生成器工具】，此工具默认为合并模式，【形状生成器工具】可以合并所有路径。将鼠标移至如图 4-29 所示的对象上，

图 4-30

图 4-31

图 4-32

打开文件【图4-8素材.ai】,如图4-33所示。如果使用【形状生成器工具】的抹除模式,需要按住【Alt】键并单击所要删除的闭合选区,黑色箭头光标下方会出现一个【－】号,如图4-34所示。在所选择的形状中删除选区,若删除的选区由多个对象组成,可以将所选形状的选区从多个对象中删除,也可以在抹除模式中删除边缘,如图4-35所示。

隙长度,间隙长度此时会显示为自定义的间隙大小。

(二)将开放的填色路径视为闭合

勾选【将开放的填色路径视为闭合】复选框,开放的路径会创建出一个不可见的边缘从而生成一个选区,单击该选区即可创建路径。

图4-33

图4-34

图4-35

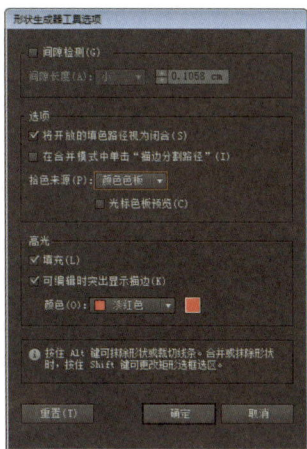

图4-36

二、形状生成器的设置

双击工具箱中的【形状生成器工具】,弹出【形状生成器工具选项】对话框,在该对话框中对对象参数进行相关的设置,如图4-36所示。

(一)间隙检测

勾选【间隙检测】复选框即可设置间隙的长度和大小。输入相应的数值可精确地设置间

(三)在合并模式中单击【描边分割路径】

勾选【描边分割路径】复选框,在合并模式中单击描边即可分割路径。此选项可以将原始路径拆分为两个路径,一个路径从边缘创建,另一个路径从上一个路径的剩余部分创建。

(四)拾色来源

【拾色来源】分为从色板中拾取颜色和从图稿中拾取颜色,如果使用【色板拾色】选项,可勾选【光标色板预览】复选框预览和选取颜色,【色板拾色】选项中还有【实时上色风格光标】色板。

(五)填充

勾选【填充】复选框,光标划过所选路径时,合并的路径会显示为半透明灰色。

(六)可编辑时突出显示描边

勾选【可编辑时突出显示描边】复选框,将突出显示可编辑的画笔效果。可编辑的画笔颜色将以颜色下拉列表所选的颜色进行显示。

第四节 路径查找器与复合形状

Illustrator 路径查找器能够从重叠对象中创建新的形状。使用【窗口—路径查找器】命令或按下【Shift+Ctrl+F9】键，弹出【路径查找器】调板。【路径查找器】命令的使用为形状及路径的分割、合并、相交、相差、减去等操作带来了方便，使路径的编辑更加灵活和富于变化。选中重叠的对象后，点击【路径查找器】按钮后，即可创建最终的形状组合，如图 4-37 所示。

图 4-37

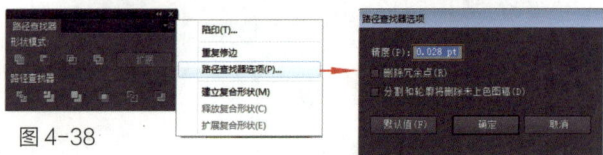

图 4-38

一、【形状模式】选择按钮

【形状模式】依次为：联集（适用于重叠对象外轮廓的描摹）、减去顶层（适用于后面的对象减去前面的对象）、交集（适用于重叠对象重叠区域轮廓的描摹）、差集（适用于重叠对象未重叠区域轮廓的描摹）。

【路径查找器】依次为：分割（将对象分割为其构成成分的填充图形，不会删除描边）、修边（会删除描边且修整外轮廓或填充表面）、合并（会删除描边且合并重叠路径的外轮廓）、裁剪（会删除描边且重叠区域会保留填充，而未重叠的区域会保留对象的路径）、轮廓（分割对象组件或边缘的路径）、减去后方对象（从最前面的对象中减去后面的对象）。

二、【路径查找器】选项

单击【路径查找器】面板右上角的三角形按钮，在弹出选项菜单中选择【路径查找器选项】，弹出【路径查找器选项】对话框，如图4-38所示。

精度：输入相应数值，计算路径对象的精确度。数值越小，计算精度越高，计算所需的时间也越长。

删除冗余点：对路径精度进行计算时可以删除不必要的点。

分割和轮廓将删除未上色图稿：在路径查找器中单击【分割】或【轮廓】按钮可以删除图稿中所有未填充的对象。

三、复合形状的创建与扩展

在【路径查找器】面板中按住【Alt】键单击【形状模式】中的按钮选项，即可创建出复合形状，如图 4-39、图 4-40 所示。

选中复合形状的对象，在【路径查找器】调板中点击【扩展】按钮，扩展出的复合形状会保持复合形状的状态，效果如图 4-41 所示。

创建好的复合路径如需重新拆分，可以点击【路径查找器】右上角的三角形按钮，在弹出的菜单中执行【释放复合形状】命令即可将其拆分为单独的对象，如图 4-42 所示。

图 4-39

图 4-40

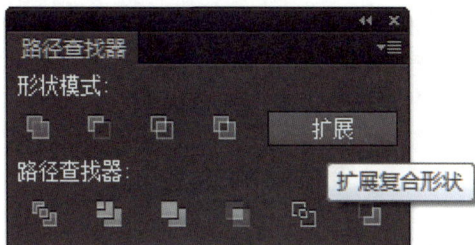

图 4-41

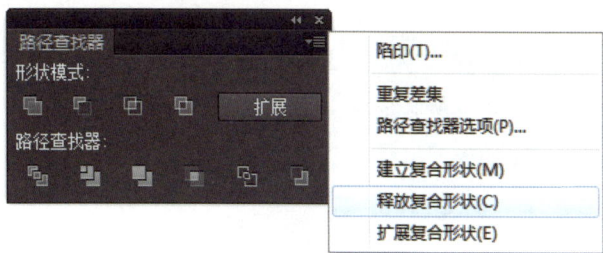

图 4-42

案例：运用【路径查找器】制作愤怒的小鸟

素材文件存放位置：章节案例 / 第四章 / 第四节。

本案例主要讲解使用【路径描绘】及【路径查找器】制作卡通造型，通过形状模式创建出能拆分和线条具有粗细变化的愤怒的小鸟造型，完成效果如图 4-43 所示。

具体操作步骤如下：

1. 在 Illustrator 中新建一个 A4 幅面的文件，执行【文件—置入】命令，按下【Ctrl+2】键，对置入的图形进行锁定，如图 4-44 所示。

2. 使用工具箱中的【钢笔工具】在位图上绘制路径，填充色为无，设置描边大小和颜色，如图 4-45 所示。

3. 使用【钢笔工具】继续绘制小鸟的眼睛、嘴、头发、眉毛等部分。填充色的部分描绘只需用细线表示，描绘好所有的路径后，使用【直接选择工具】将路径移动到页面的空白位置，如图 4-46 所示。

4. 使用工具箱中的【选择工具】，选中头发、眉毛、嘴内侧等部分，分别使用【吸管工具】，吸取原图上相应的色彩对其进行填充，如图 4-47 所示。

图 4-44

图 4-45

图 4-46

图 4-43

图 4-47

5. 使用【选择工具】同时按住【Shift】键，点击鼠标左键选中图中的粗线条部分，执行【对象—路径—轮廓化描边】命令，如图 4-48 所示。

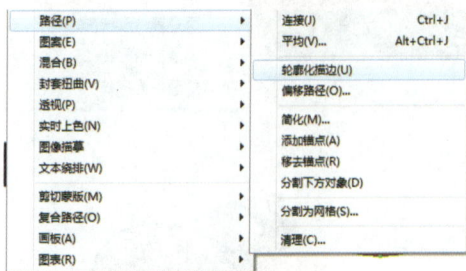

图 4-48

6. 图中的粗线条部分的描边被转换成了填充模式，如图 4-49 所示。

图 4-49

7. 也可以执行【对象—扩展】命令，弹出【扩展】对话框，点击【确定】按钮，得到的效果如图 4-50 所示。

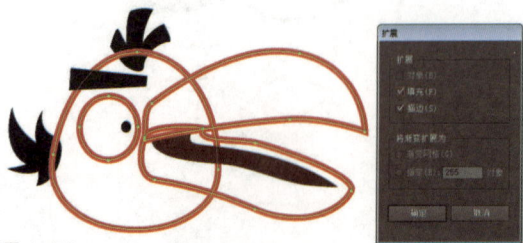

图 4-50

8. 单击工具箱的【选择工具】，选择头部的形状，在【路径查找器】调板中点击【修边】按钮，如图 4-51 所示。

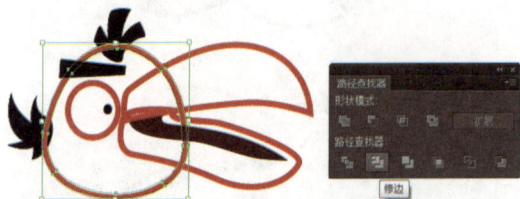

图 4-51

9. 单击鼠标右键，在弹出的快捷菜单中选择【取消编组】命令，使对象解散成两条路径，如图 4-52 所示。

图 4-52

10. 将鼠标移至选中的对象上再次单击鼠标右键，在弹出的快捷菜单中执行【释放复合路径】命令，这样就把两条路径分离成两个相堆叠的填充对象，如图 4-53 所示。

图 4-53

11. 释放复合路径后的效果，如图 4-54 所示。

图 4-54

12. 在小鸟的其他粗线条的描边部分使用同样的方法释放复合路径，如图 4-55 所示。

图 4-55

13. 使用【选择工具】选择头部和嘴部的外轮廓，如图 4-56 所示。

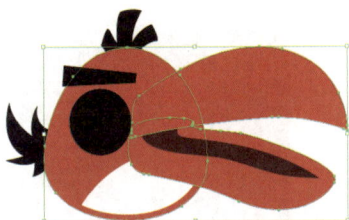

图 4-56

14. 将外轮廓填充成黑色，选择头部、头发、尾巴的外轮廓，单击鼠标右键，在弹出的快捷菜单中执行【排列—置于底层】命令，如图 4-57 所示。

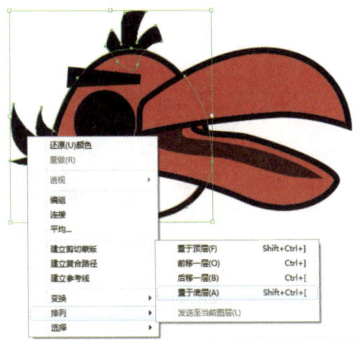

图 4-57

15. 选择头部的上一层对象，将其填充为绿色，如图 4-58 所示。

16. 选择小鸟的眼睛、嘴等部位，将其填充相应的颜色，然后使用【选择工具】和【直接选择工具】，用移动和修改锚点等方法，移动填充对象的位置以达到改变外框粗细的目的，如图 4-59 所示。

图 4-58

图 4-59

第五节 封套扭曲与变形

执行【封套扭曲】命令组可以对除图表、参考线或链接对象以外的任何对象进行扭曲和变形。

一、用变形建立

通过执行【对象—封套扭曲—用变形建立】命令或按下【Alt+Shift+Ctrl+W】键，弹出【变形选项】对话框，选择该对话框样式下拉选项中的一种变形样式来改变对象形状，如图 4-60 所示。

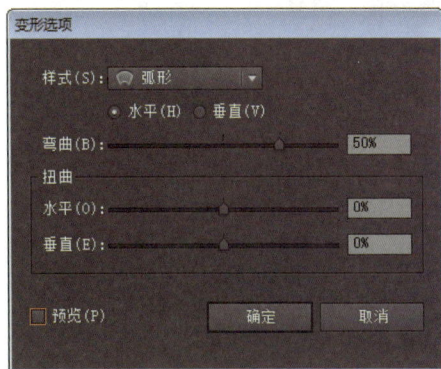

图 4-60

样式：样式中的选项可以定义不同的变形效果，包括弧形、下弧形、拱形、凸出、旗形、鱼形、挤压、扭转等。

水平 / 垂直：对象变形的方向是水平还是垂直。

弯曲：设置对象的弯曲程度。

水平扭曲 / 垂直扭曲：设置水平或垂直方向透视扭曲的程度。

在页面中使用【矩形工具】绘制一个矩形，对其执行【对象—封套扭曲—用变形建立】命令，弹出【变形选项】对话框，在样式下拉选项中选择【弧形】变形样式，拖动弯曲滑块和水平滑块，勾选【预览】复选框，如图 4-61 所示。

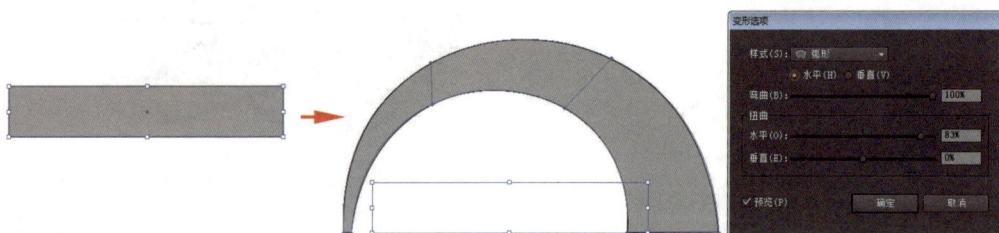

图 4-61

二、用网格建立

打开文件【图 4-9 素材 .ai】，如图 4-62 所示。对其执行【对象—封套扭曲—用网格建立】命令或按下【Alt+Ctrl+M】键，弹出【重置封套网格】对话框，在该对话框中对网格的行数和列数进行相应的设置。通过使用【直接选择工具】在网格的节点上拖动鼠标调整变形，完成对网格的编辑，如图 4-63 所示。

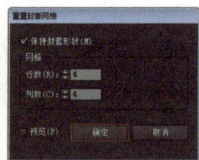

图 4-62   图 4-63

三、用顶层对象建立

【用顶层对象建立】命令可以根据上层对象的形状、大小、位置等，变换底层图形的形状。在当前对象上绘制一个形状，将两个对象同时选中，执行【对象—封套扭曲—用顶层对象建立】命令或按下【Alt+Ctrl+C】键，底层对象会按照新绘制的对象进行变化，如图 4-64 所示。

图 4-64

四、封套选项的设置

【封套】应用于一个或者多个对象时，除了可以选用【直接选择工具】对其进行调整外，还可以对封套进行设置，以便决定封套以何种形式扭曲图像。选中需要调整的对象，执行【对象—封套扭曲—封套选项】命令，弹出【封套选项】对话框，在该对话框中设置栅格、保真度等选项，如图 4-65 所示。

消除锯齿：主要运用于位图的栅格化平滑上。

保留形状，使用：非矩形封套扭曲对象将以何种形式保留其形状。包括剪切蒙版与 Alpha 透明度两个选项。

保真度：指定封套模型的精准程度。

扭曲外观：将对象的形状和外观属性一起扭曲。

扭曲线性渐变填充：将对象的形状与线性渐变一起扭曲。

扭曲图案填充：将对象的形状与图案属性一起扭曲。

五、【释放】及【扩展】封套

对于在对象上创建好的封套也可以采用【释放】或【扩展】封套的方式。【释放】封套对象即还原封套的原始状态；【扩展】封套

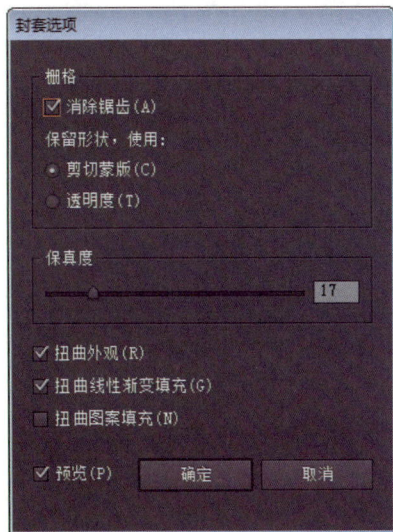

图 4-65

对象可以删除封套并保留封套变形后的效果，具有锚点和路径。打开文件【图 4-10 素材 .ai】，对其执行【对象—封套扭曲—释放】命令，如图 4-66、图 4-67 所示。

按下【Ctrl+Z】键还原释放封套，再次选中该对象，然后执行【对象—封套扭曲—扩展】命令，将该封套转换为普通的对象，并且保持封套变形的形状，如图 4-68、图 4-69 所示。

图 4-66

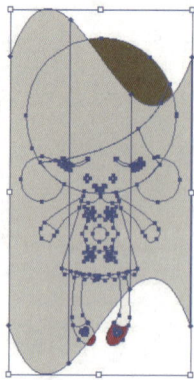
图 4-67

图 4-68

图 4-69

图 4-70

六、编辑内容

对象被执行了【封套建立】命令后，只能通过使用工具箱中的【直接选择工具】或其他编组工具对封套部分进行编辑，不能对某一个对象进行编辑。

如果需要编辑某一个对象，可以选中该对象，执行【对象—封套扭曲—编辑内容】命令或按下【Shift+Ctrl+V】键对该对象进行编辑。与【扩展】命令不同的是，在编辑对象内部节点的同时，其依然保留着封套的属性，如图 4-70 所示。

案例：使用【渐变工具】和【封套】命令制作色相环

素材文件存放位置：章节案例 / 第四章 / 第五节。

本案例主要讲解的是使用【渐变工具】与【封套】命令，制作色相环，效果如图 4-71 所示。

具体步骤如下：

1.使用工具箱中的【矩形工具】绘制一个矩形。在【渐变】调板中设置红、橙、黄、绿、青、蓝、紫、红这一渐变作为填充色，填充后的效果如图 4-72 所示。

2.单击工具箱中的【椭圆形工具】，按住【Shift】键，绘制一个正圆形，填充【白色—黑色】径向渐变，如图 4-73 所示。

3.执行【对象—扩展】命令，弹出【扩展】对话框，将对象转换成可编辑的对象，点击【确定】按钮，如图 4-74 所示。

图 4-71

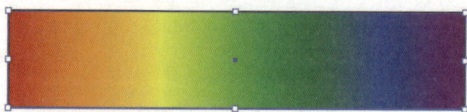
图 4-72

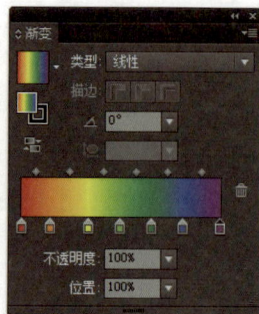

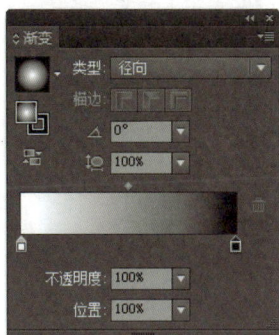

图 4-73

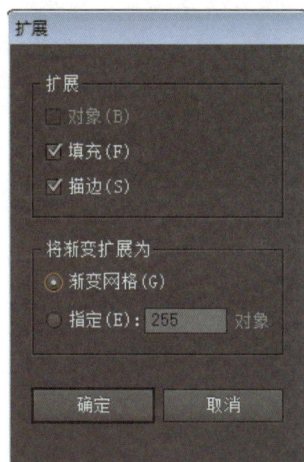

图 4-74

4. 在对象上单击鼠标右键，在弹出的快捷菜单中选择【取消编组】，如图 4-75 所示。

5. 取消选定后，使用【选择工具】再次选中正圆形，单击鼠标右键，在弹出的快捷菜单中执行【释放剪切蒙版】命令，如图 4-76 所示。

6. 执行【释放剪切蒙版】命令后的效果如图 4-77 所示。

7. 将正圆形放置在矩形之上，使用【选择工具】框选这两个图形，如图 4-78 所示。

8. 执行【对象—封套扭曲—用顶层对象建立】命令，如图 4-79 所示。

9. 最终完成的色相环效果如图 4-80 所示。

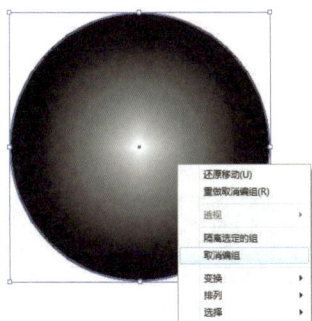

图 4-75

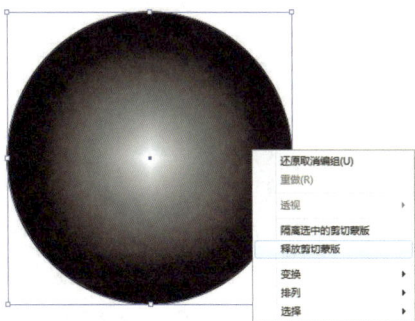

图 4-76

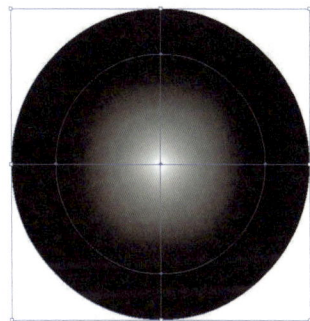

图 4-77

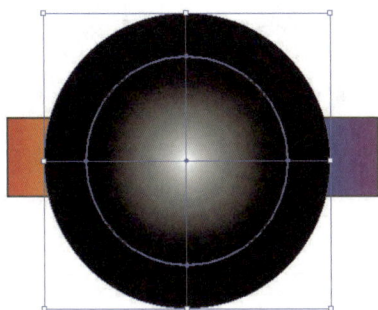

图 4-78

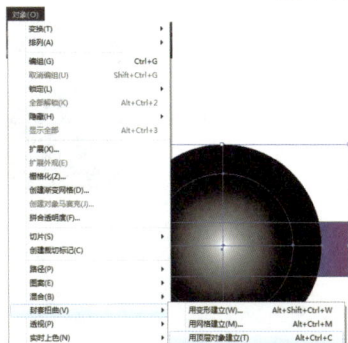

图 4-79

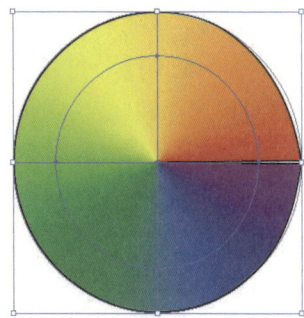

图 4-80

第五章
符号对象与【混合工具】

本章导读

通常来讲，符号是图形构成的最基本元素。而在 Illustrator 中，符号的概念比较宽泛，它是指在文档中可以重复使用的对象。每个符号实例都与【符号】调板或【符号库】进行链接。符号可以作为对象单独使用，也可以结合【符号喷枪工具】进行同一符号大量使用。对象也能作为符号保存起来，从而建立个人的符号库。

工具箱中【混合工具】可以混合对象和创建形状。无论是闭合路径还是开放路径，无论是颜色还是对象本身，【混合工具】都能使之平滑的过渡。

精彩看点

- 符号对象
- 对象的混合

第一节 符号对象

Illustrator 中符号分为【符号】调板、【符号库】和【符号工具】，大多数情况下三者是相互配合使用的。符号的快捷与大量使用应结合符号喷枪工具】来进行。

一、【符号】调板

执行【窗口—符号】命令或按下【Ctrl+Shift+F11】键，打开【符号】调板，【符号】调板可以选择和载入、创建和应用以及编辑符号。在【符号】调板的底部包括【符号库菜单】按钮、【置入符号实例】按钮、【断开符号链接】按钮、【符号选项】按钮、【新建符号】按钮以及【删除符号】按钮，如图 5-1 所示。

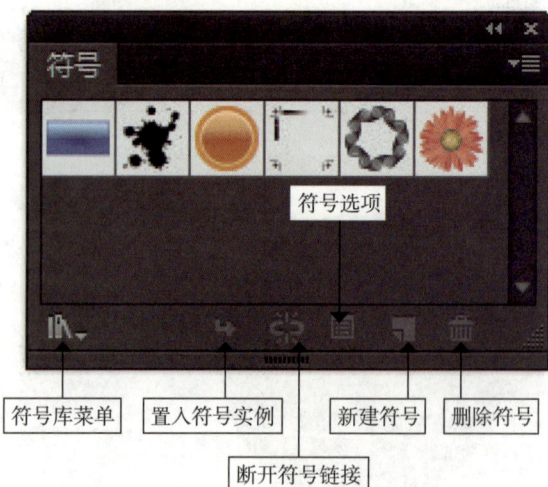

图 5-1

二、使用【符号库】

【符号库】是 Illustrator 软件预设的集合。单击【符号库】调板中的【符号库菜单】按钮，在弹出的菜单选项中可以选择相应的符号归类，打开某一符号归类后，在调板的下方同样可以加载新的符号归类，它们会以选项卡的形式加入到调板中。单击左右两个三角箭头可以在被加载的相邻符号归类中来回切换，也可以点击符号归类选项卡进行切换，如图 5-2 所示。

三、置入符号实例

为了便于操作，可以将【符号】调板或【符号库】中的符号置入到页面中。选中一个符号，单击置入【符号实例】按钮，即可将符号置入到页面中，也可以直接将选中的符号拖入到页面中，如图 5-3 所示。

四、断开符号链接

拖入或置入到页面中的符号是不能直接对其进行路径编辑的。如果要对其进行编辑，可以单击【符号】调板中的【断开符号链接】按钮或在属性栏中单击【断开符号链接】长按钮，如图 5-4 所示。

执行【对象—扩展】命令，在弹出的【扩展】对话框中选择【对象和填充】复选框，单击【确定】按钮，就可以对该符号进行编辑了，如图 5-5 所示。

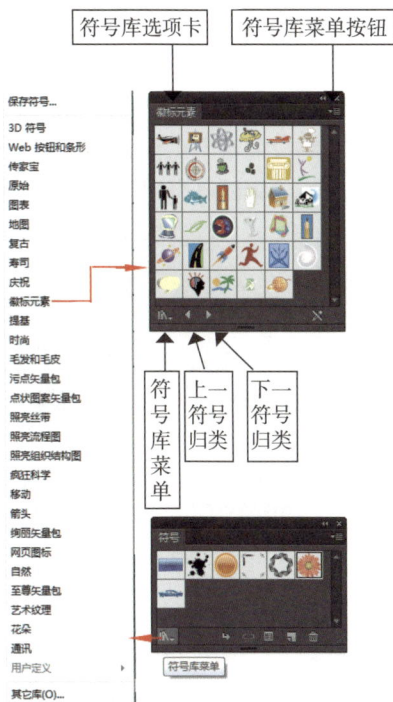

图 5-2

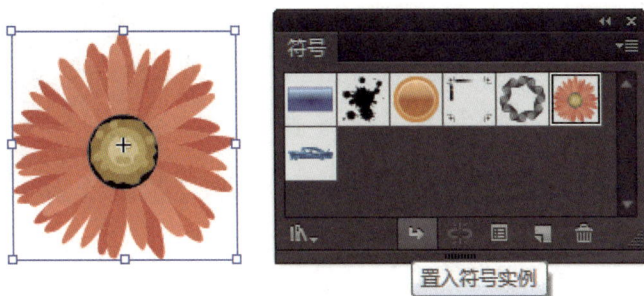

图 5-3

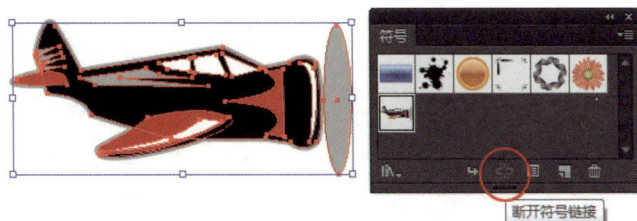

图 5-4

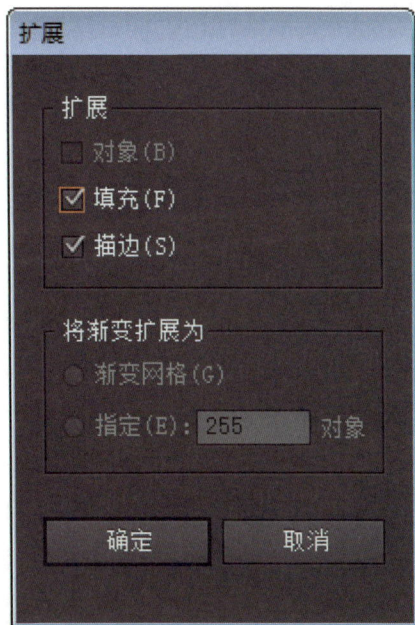

图 5-5

五、创建新符号

选中要用作符号的对象，然后单击【符号】调板中的【新建符号】按钮，或者将对象直接拖入到【符号】调板中，如图 5-6 所示。在弹出的【符号选项】对话框中设置符号的名称、类型（图形 / 影片剪辑）、套版色（指定设置在注册网格上符号锚点的位置）、启用 9 格切片缩放的参考线（在 Flash 中使用对象时勾选）、对齐像素网格（符号的像素对齐属性），点击【确定】按钮即可创建新符号，如图 5-7 所示。

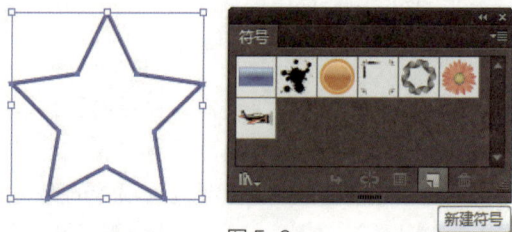

图 5-6

六、使用【符号工具】

对一个符号进行编辑，只需要通过断开链接和扩展按钮对符号进行编辑。如果需要将相同的符号大量使用并制作一些效果，需使用工具箱中的【符号工具】组，它包括多种用于调整符号间距、大小、颜色、样式等选项，如图 5-8 所示。

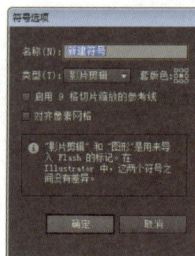

图 5-7

图 5-8

（一）符号喷枪工具

使用【符号喷枪工具】能方便快捷地将相同或不同的符号实例放置到页面中。

通过【符号喷枪工具】可以创建符号实例，也可以添加或者删除符号实例。如果需要缩小或增大喷枪笔触的范围，可以反复按下"【"（缩小）键或者"】"（增大）键。

1. 首先选择一个符号，单击工具箱中的【符号喷枪工具】，在页面的相应位置上按住或者拖动鼠标，按住或拖动鼠标的时间越长，符号的数量就越多，其原理和喷枪原理类似，如图 5-9 所示。

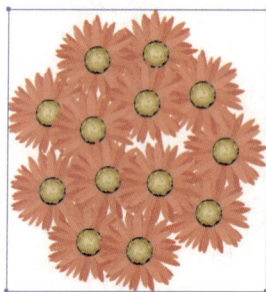
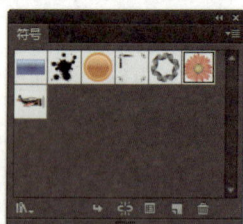

图 5-9

2. 如果要在现有的组中添加或者删除符号案例，可以继续使用【符号喷枪工具】，在现有的组中继续按住鼠标左键不放，即可添加出更多的符号实例，如图 5-10 所示。按住【Alt】键单击并拖动鼠标，即可删除符号实例，如图 5-11 所示。

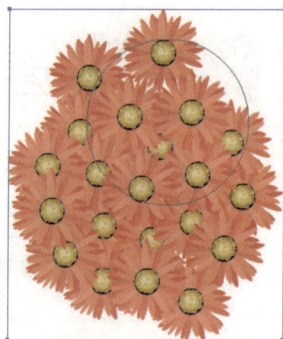

图 5-10

（二）符号移位器工具

使用【符号位移工具】，可以更改符号组

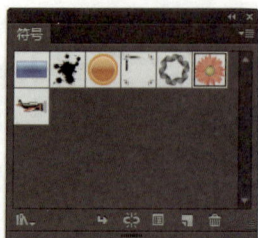

图 5-11

中符号实例的位置和堆叠顺序。

1.【符号位移器工具】可以移动符号喷枪喷出的随机符号实例。选中需要修改的实例组，单击工具箱中的【符号位移工具】，按住鼠标左键并向相应的位置拖动即可，如图 5-12 所示。

2.如果要【前置符号实例】的堆叠，使用【符号位移工具】并按住【Shift】键，单击符号实例即可；如果要【后置符号实例】的堆叠，并按住【Alt】键，单击符号实例即可。

（三）符号紧缩器工具

【符号紧缩器工具】可以使符号实例更集中或更分散。

1. 符号的集中

选中要调整的符号实例组，单击【符号紧缩工具】，然后在需要拉近距离的位置上单击鼠标左键即可，如图 5-13 所示。

2. 符号的分散

按住【Alt】键并单击鼠标左键，可以使符号实例距离分散。

（四）符号缩放器工具

【符号缩放工具】可以调整符号实例的大小。选中需要调整的符号实例组，单击工具箱中的【符号缩放工具】，然后在符号实例组相应的区域单击并拖动鼠标即可增大该区域的符号实例，按住【Alt】键，可缩小该区域的符号实例；按住【Shift】键在缩放的同时可保持符号实例的密度，如图 5-14 所示。

图 5-12

图 5-13

图 5-14

（五）符号旋转器工具

【符号旋转器工具】可以将所选择的符号实例进行旋转。单击工具箱中的【符号旋转器工具】，在符号实例中单击或拖动鼠标来旋转对象，如图 5-15 所示。

（六）符号着色器工具

【符号着色器工具】可以对页面中的符号进行着色。选中符号实例组，为其设置一个相应的颜色，单击工具箱中的【符号着色器工具】，在符号实例中单击并拖动鼠标，如果按住【Alt】键对鼠标进行拖动，上色量则逐渐减少，如图 5-16 所示。

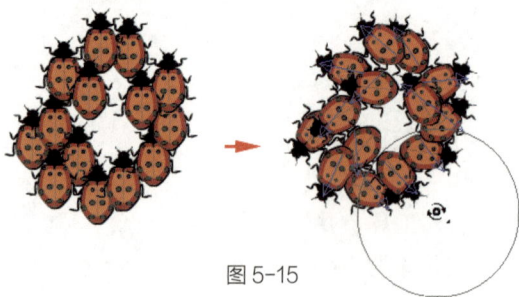

图 5-15

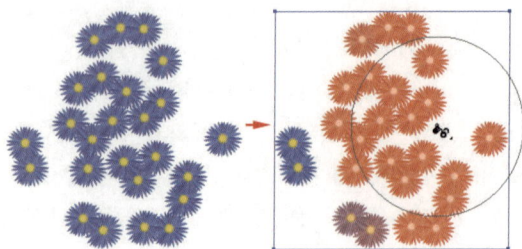

图 5-16

（七）符号滤色器工具

【符号滤色器工具】可以改变页面中所选符号的不透明度。选中符号实例组，单击工具箱中的【符号滤色器工具】，在符号实例中单击或拖动鼠标即可，按住【Alt】键，则会逐渐减少透明度，使对象恢复到无透明度状态，如图 5-17 所示。

（八）符号样式器工具

【符号样式器工具】需要配合【图形样式】调板使用，在该调版中可以添加或者删除图形样式。执行【窗口—图形样式】命令，打开【图形样式】调板。选中符号实例组，单击工具箱中的【符号样式器工具】，在【图形样式】调板中选择一个图形样式，在符号实例中单击或拖动鼠标左键，即可出现所选样式的效果，如图5-18所示。

案例：使用【符号工具】和【符号】调版制作心形底纹信笺

素材文件存放位置：章节案例/第五章/第一节。

本案例主要讲解使用【符号工具】与【符号】调板制作心形底纹信笺，完成效果如图5-19所示。

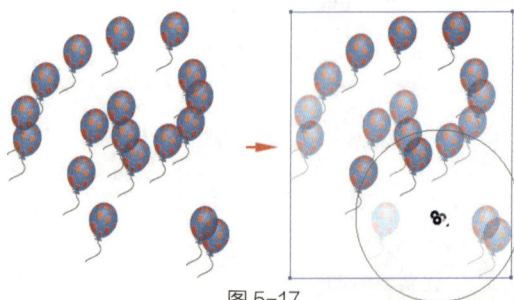

图 5-19

具体操作步骤如下：

1.新建 A4 文档，使用工具箱中的【椭圆工具】绘制一个正圆形对象，如图 5-20 所示。

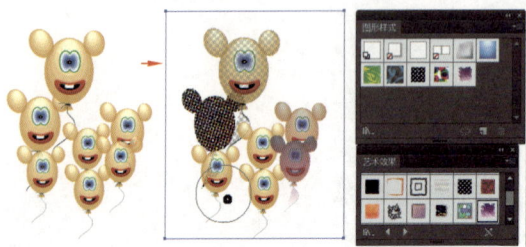

图 5-17

图 5-18

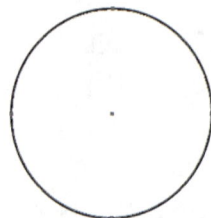

图 5-20

2. 在【渐变】调板中为选中的正圆形设置相应的渐变，如图 5-21 所示。

3. 执行【效果—模糊—高斯模糊】命令，弹出【高斯模糊】对话框，设置相应的模糊半径，如图 5-22 所示。

4. 将当前对象拖入到【符号】调板中，弹出【新建符号】对话框，点击【确定】按钮，该功能就转换为一个符号实例，如图 5-23 所示。

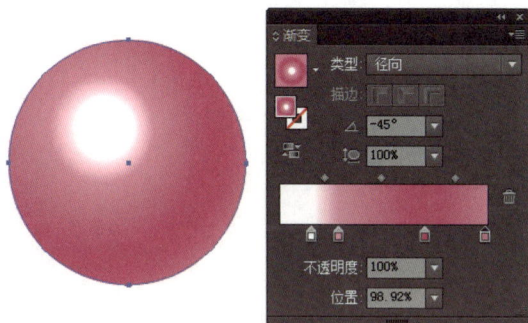

图 5-21

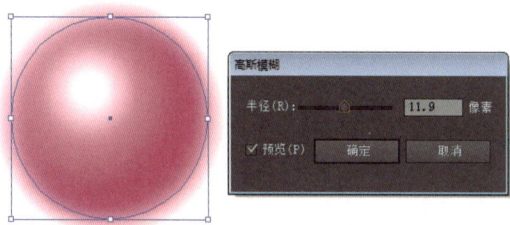

图 5-22

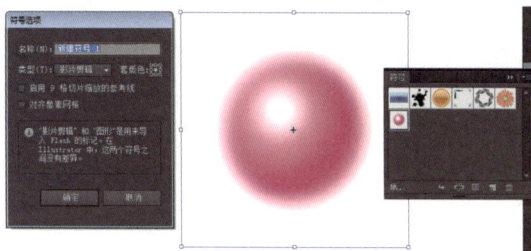

图 5-23

5. 点击工具箱中的【直线工具】，在 A4 页面内绘制信笺直线格子。选定绘制好的一条直线，点击鼠标左键并按住【Alt+Shift】键，拖动并复制，然后反复按下【Ctrl+D】键，即可复制更多的平行线，如图 5-24 所示。

图 5-24

6. 选择下面的 7 条直线，然后按住鼠标左键将此部分直线向左缩至如图 5-25 所示长度。

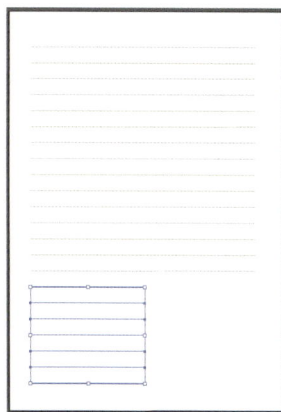

图 5-25

7. 将第 4 步中新建的符号实例从【符号】调板中拖到文档中，使其成为符号链接对象，如图 5-26 所示。

图 5-26

087

8. 单击工具箱中的【符号喷枪工具】，在直线格子的空白处喷出一个心形的符号实例组，如图 5-27 所示。

9. 选定符号实例组，单击工具箱中的【符号移位器工具】，调整喷出的心形符号实例的位置，如图 5-28 所示。

10. 单击工具箱中的【符号缩放工具】，调整喷出的心形符号实例的大小，使其具有空间感，如图 5-29 所示。

11. 单击工具箱中的【符号滤色器工具】，调整喷出的心形符号实例的透明度，使其具有虚实感，如图 5-30 所示。

12. 单击工具箱中的【符号着色器工具】，对喷出的心形符号实例进行着色调整，使其具有丰富的色彩，如图 5-31 所示。

13. 将符号实例复制并缩小，放置于信笺的左上角，这样心形底纹信笺就制作完成了，如图 5-32 所示。

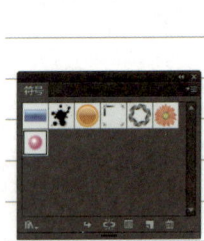 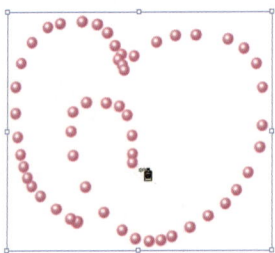 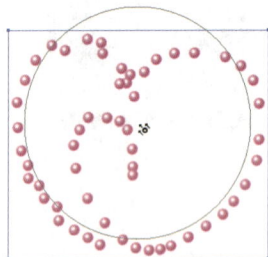 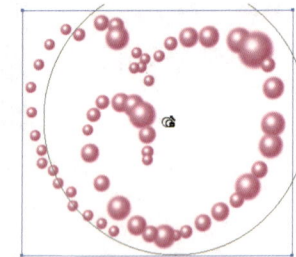

图 5-27　　　　　　　　　　　　图 5-28　　　　　　　　　　　　图 5-29

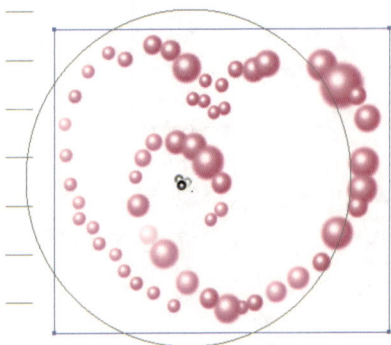 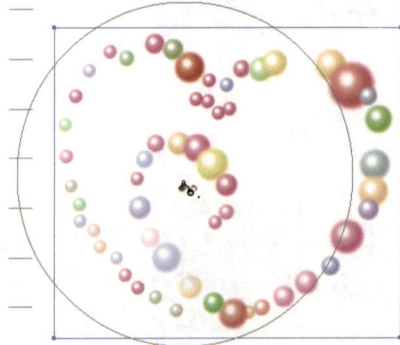 

图 5-30　　　　　　　　　　　　图 5-31　　　　　　　　　　　　图 5-32

第二节　混合工具

不论是开放路径还是闭合路径，都可以用 Illustrator【混合工具】创建混合对象。混合的过程是将两个对象平均分布，从而创建对象的阶梯状变化或者平滑过渡效果，混合可以在有渐变的描边和填充对象间创建。

在对象之间创建混合后，即可将混合对象当作一个对象，如果对其中一个原始对象的锚点进行编辑，图像的混合则会相应的发生变化。原始对象之间混合的对象自身不具有锚点，需要执行【对象—扩展】命令进行混合后，才能分割为不同的对象。

一、创建混合

可以使用【混合工具】命令来创建混合，混合总是在选定的两个或多个对象之间产生一系列中间对象和颜色。【混合工具】不能对网格进行混合操作。

打开文件【图 5-1 素材 .ai】，使用工具箱中的【混合工具】或按下【W】键，在要进行混合的对象上依次单击鼠标左键即可完成。也可以通过执行【对象—混合—建立】命令完成混合，如图 5-33、图 5-34 所示。

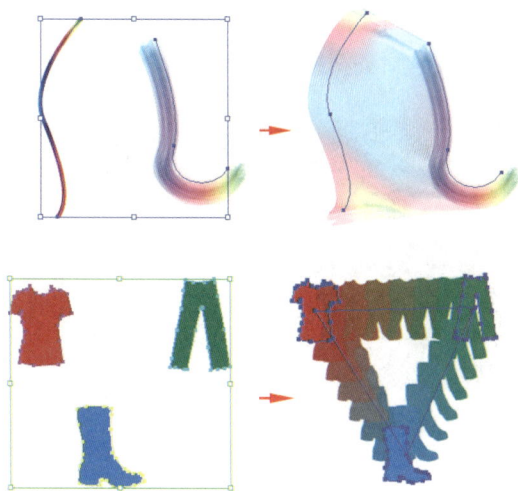

图 5-33

图 5-34

二、设置混合参数

双击工具箱中的【混合工具】，在弹出的【混合选项】对话框中对【混合工具】的参数进行设置。在执行【混合】命令之前设置的混合参数，可以保留到下一次操作，如果已经为对象执行了【混合】命令，可双击【混合工具】对参数进行重新设置，如图 5-35 所示。

间距设置有平滑颜色（可以自动计算混合的步骤数量）、指定的步数（控制原始对象间的步骤数）、指定的距离（控制混合步骤间的距离）。

取向设置中有【对齐页面】按钮和【对齐路径】按钮。

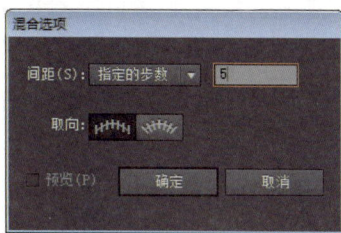

图 5-35

三、编辑混合对象

编辑多个对象时，对象之间会按照直线路径进行排列，这条直线路径被称为混合轴。使用【直接选择工具】可以调节混合轴路径的形态，从而控制混合对象的排列。

下面通过两个案例来具体理解编辑混合对象。

案例一：运用【混合对象】制作色谱

素材文件存放位置：章节案例 / 第五章 / 第二节。

本案例主要讲解使用【路径描绘】、【路径查找器】和【混合工具】制作色谱效果，完成效果如图 5-36 所示。

1. 新建 A4 页面，使用工具箱中的【椭圆工具】按下【Shift】键绘制一个正圆形，按住【Alt】键向右边拖动鼠标，复制一个相同的对象，无描边，如图 5-37 所示。

图 5-36

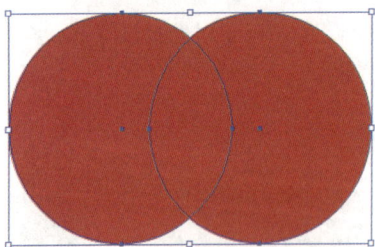

图 5-37

2. 将两个对象一起选中，在【路径查找器】调板中单击【交集】按钮，如图 5-38 所示。

3. 按下【交集】按钮创建出如图 5-39 所示的形状。

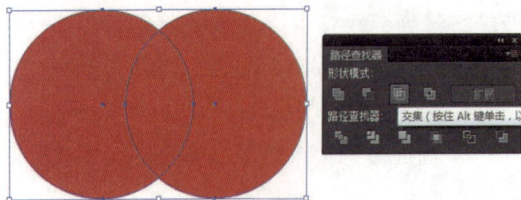

图 5-38

图 5-39

4. 选中创建出的形状，按住【Alt】键，单击鼠标左键拖动至一定的距离后释放鼠标，反复按下【Ctrl+D】键，再复制出五个同样的形状，如图 5-40 所示。

图 5-40

5. 在色板中选择红、黄、绿、青、蓝、紫、红七个颜色，将其分别填充在这些形状中，如图 5-41 所示。

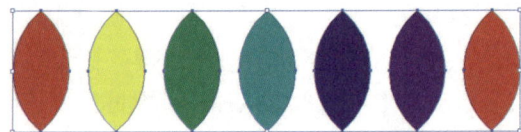

图 5-41

6. 选中所有形状，使用工具箱中的【混合工具】逐一点击鼠标左键，建立出混合效果，双击【混合工具】，将指定的步数设置为 5，取向设置为对齐路径，如图 5-42 所示。

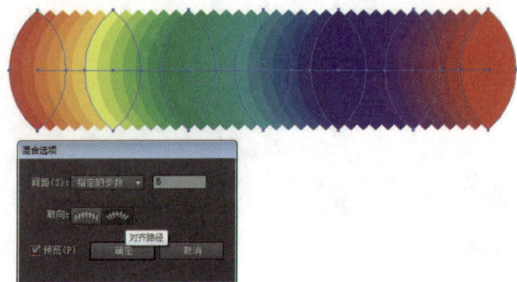

图 5-42

7. 单击工具箱中的【椭圆工具】，按下【Shift】键再绘制一个正圆形，无填充色，如图 5-43 所示。

8. 选中该图形，单击工具箱中的【剪刀工具】，在正圆形的锚点上点击鼠标左键，将路径断开，如图 5-44、图 5-45 所示。

9. 将页面中所绘制的所有对象选中，执行【对象—混合—替换混合轴】命令，如图 5-46 所示。

10. 这样混合对象就以断开的圆形为轴进行排列，如图 5-47 所示。

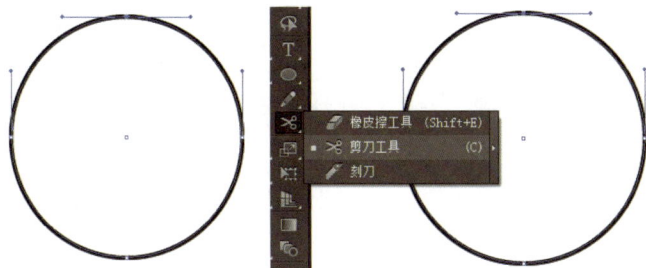
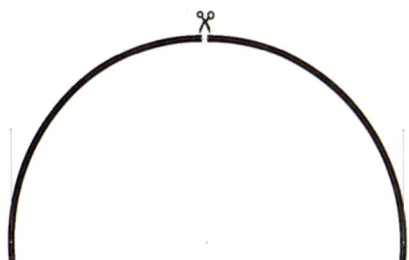

图 5-43 图 5-44 图 5-45

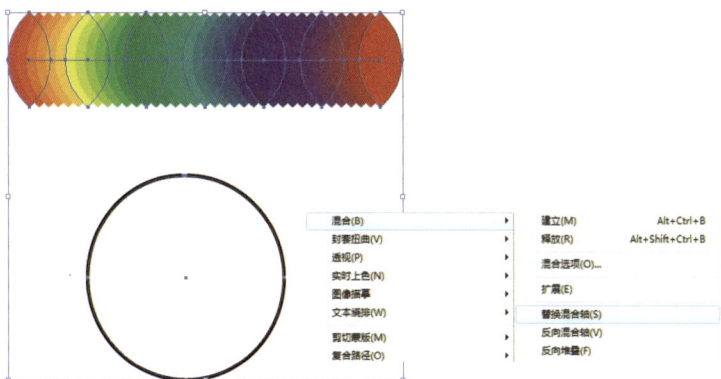
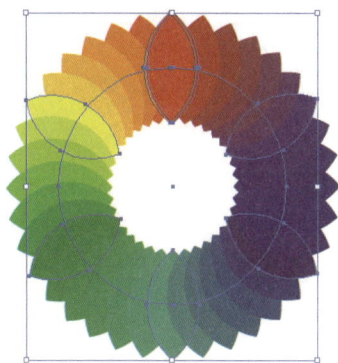

图 5-46 图 5-47

11. 然后执行【对象—拼合透明度】命令，勾选【保留 Alpha 透明度】复选框，如图 5-48 所示。

12. 再执行【对象—扩展】命令，使混合对象转换为可编辑状态，点击【透明度】调板中的【混合模式】，在弹出的下拉菜单中选择滤色，如图 5-49 所示。

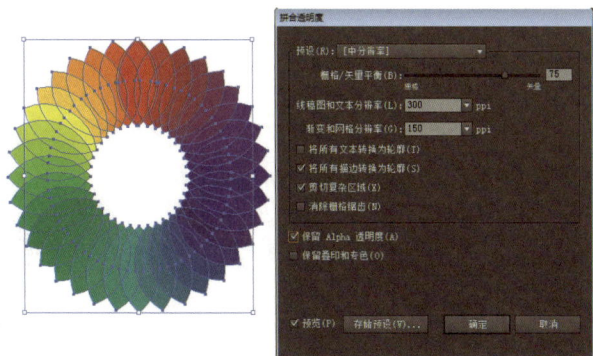
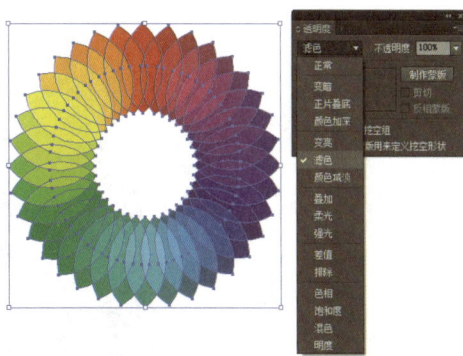

图 5-48 图 5-49

案例二：使用【混合工具】制作三维线条

素材文件存放位置：章节案例 / 第五章 / 第二节。

本案例主要讲解使用路径描绘和【混合工具】制作三维变换线的效果，完成稿如图 5-50 所示。

具体操作步骤如下：

1. 使用工具箱中的【椭圆工具】，点击并按住鼠标左键绘制一个椭圆形，如图 5-51 所示。

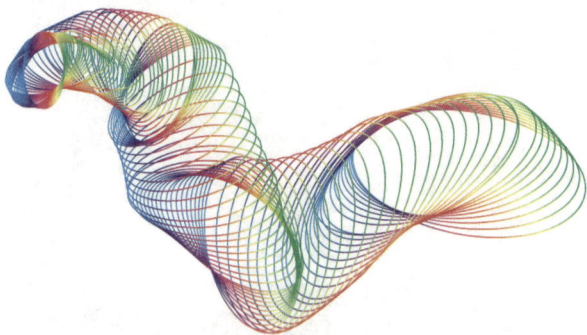

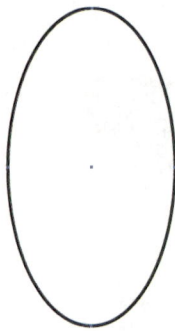

图 5-50 图 5-51

2. 执行【效果—扭曲】和【变换—变换】命令，弹出【变换效果】对话框，勾选【预览】复选框。在该对话框中对副本、调整缩放、移动的百分比和旋转角度进行相应的设置，如图 5-52 所示。

3. 将复制好的形状拖进【图形样式】调板中，对其进行保存，如图 5-53 所示。

4. 绘制一个角五星图形，选中该图形，在【图形样式】调板中单击刚刚保存的新样式，五角星就以此样式属性进行复制，如图 5-54 所示。

5. 选择步骤 2 中的椭圆形变换对象，对其执行【对象—扩展外观】命令，12 个椭圆形就被扩展成可被编辑的对象，如图 5-55 所示。

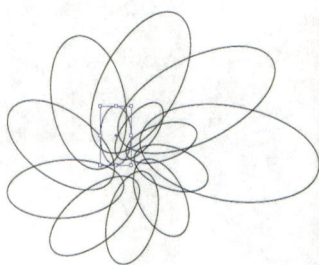

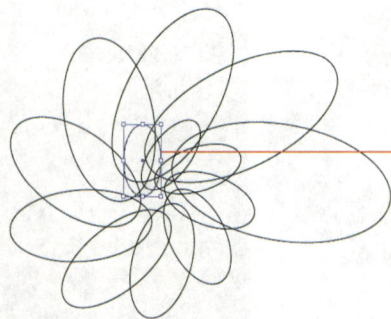

图 5-52 图 5-53

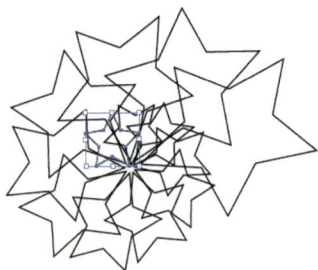

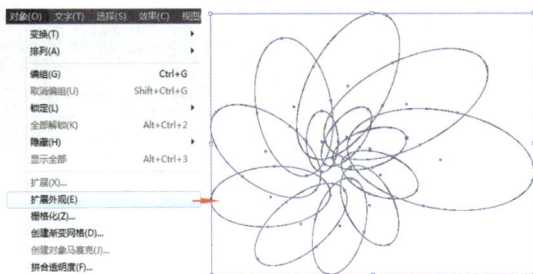

图 5-54 图 5-55

6. 在扩展的对象上单击鼠标右键，在弹出的快捷菜单中选择【取消编组】，如图 5-56 所示。

7. 双击工具箱中的【混合工具】，在弹出的【混合选项】对话框中将指定步数设置为 8，点击【对齐页面】按钮，如图 5-57 所示。

8. 使用【选择工具】选中所有的形状。执行【对象—混合—建立】命令或按下【Ctrl+Alt+B】键，应用【混合工具】建立混合。中间具有锚点的螺旋形路径就是混合的骨架，如图 5-58 所示。

9. 使用工具箱中的【钢笔工具】，绘制另一个曲线效果的路径，将混合出的对象和刚绘制的路径一起选中，执行【对象—混合—替换混合轴】命令，就混合出一个新的路径，如图 5-59、图 5-60 所示。

10. 使用工具箱中的【选择工具】，框选所有对象，单击色谱对话框中的彩虹渐变，为所有对象添加渐变色，如图 5-61 所示。

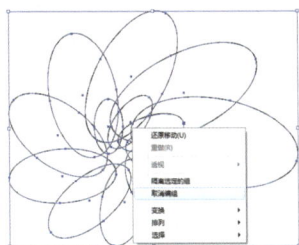
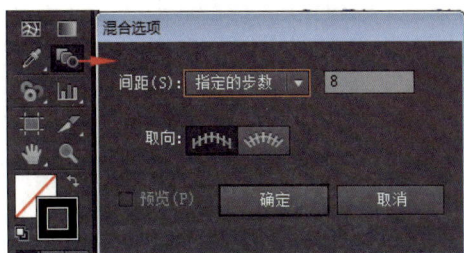
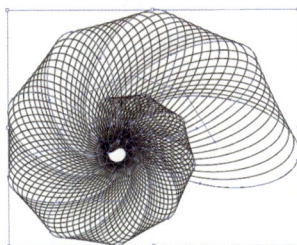

图 5-56 图 5-57 图 5-58

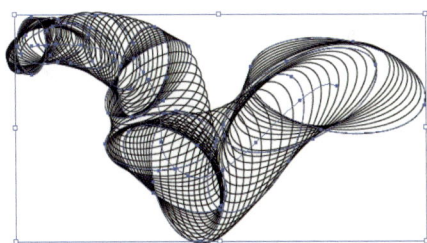
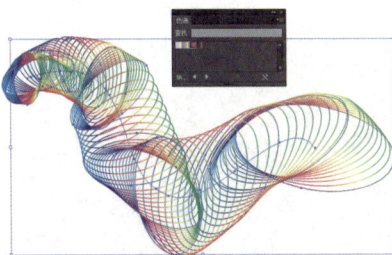

图 5-59 图 5-60 图 5-61

第六章
文字编辑

本章导读

　　Illustrator 不仅具有超凡的对象处理能力，在文字的处理、编辑和排版上的功能也非常强大。不仅可以进行常规的文字处理，还可以对文字进行复杂的版式编排。本章从文字的创建到文字的编辑等相关内容进行系统论述。

精彩看点

- 文字的创建
- 【字符】调板的使用
- 文字属性的修改与设置
- 编辑文字

第一节 【文字工具】与创建文本

　　Illustrator具有多种文本输入工具，包括【文字工具】、【区域文字工具】、【路径文字工具】、【直排文字工具】、【直排区域文字工具】和【直排路径文字工具】，它还可以对其他软件编辑的文字进行处理，如图6-1所示。

一、文字工具

　　【文字工具】适用于常规文字的输入。打开文件【图6-1 素材 .ai】使用工具箱中的【文字工具】或按下【T】键，在页面中单击鼠标产生文本输入点，在文本输入点中输入相应文字，如图6-2所示。也可以在页面中适当的位置上单击鼠标左键并拖出一个矩形文本框输入相应的文字，如图6-3所示。

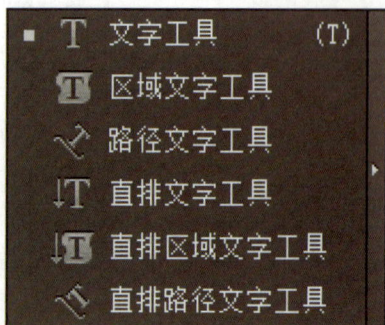

图6-1

图6-2

图6-3

二、区域文字工具

使用【区域文字工具】可以在闭合的路径图形区域内创建文本。打开文件【图6-2素材.ai】，选择工具箱中的【区域文字工具】，在蓝色的正圆形上点击鼠标左键，将路径转换为文字区域，此时蓝色的对象消失，被路径所取代，光标变为文字刷，可以开始输入文字，如图6-4所示。如果输入的文字超过区域的范围，在边框的右下角边缘会出现含【+】号。

文本和边框路径之间的边距称为内边距。要改变文本与边框的距离，可以执行【文字—区域文字选项】命令，在弹出的【区域文字选项】对话框中设置内边距的参数，也可以在该对话框中重新设置对象边框的尺寸、对象多包含的行列数、行和列的高度与宽度及文本排列方式等，如图6-5所示。

三、路径文字工具

路径文字是沿路径进行编排的文字。普通路径可以通过【路径文字工具】转换成文字路径，在文字路径上可以直接输入文字。

创建路径文字，首先需要使用【钢笔工具】或其他路径工具绘制一段路径，然后使用工具箱中的【路径文字工具】在路径上单击即可输入的文字，如图6-6所示。（参考文件可打开【图6-3素材.ai】）

还可以设置路径文字效果，执行【文字—路径文字】命令，在子菜单中选择不同的效果即可。执行【文字—路径文字—路径文字】命令，弹出【路径文字选项】对话框，在该对话框中可以对路径做进一步调整，如图6-7所示。

四、直排文字工具

【直排文字工具】与【文字工具】类似，不同的是【直排文字工具】中文字的排列方向是从上至下，换行是从右至左进行。单击工具箱中的【直排文字工具】，在文档适当的位置点击鼠标左键即可输入文字，按下鼠标左键拖出文本框即可创建段落文本，如图6-8所示。（参考文件可打开【图6-4素材.ai】）

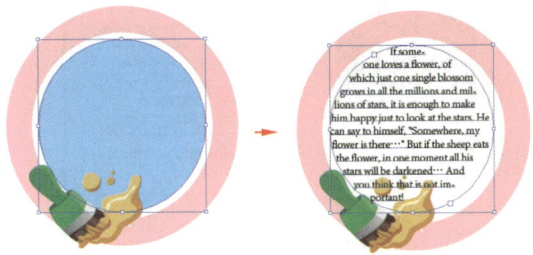

图6-4

图6-6

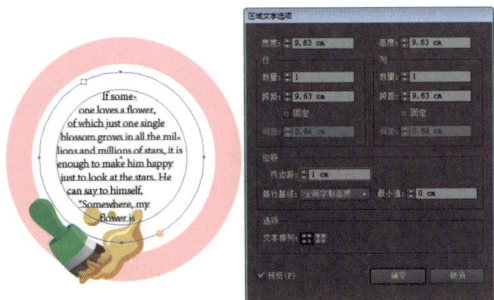

图6-5

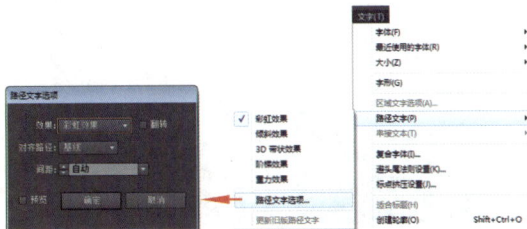

图6-7

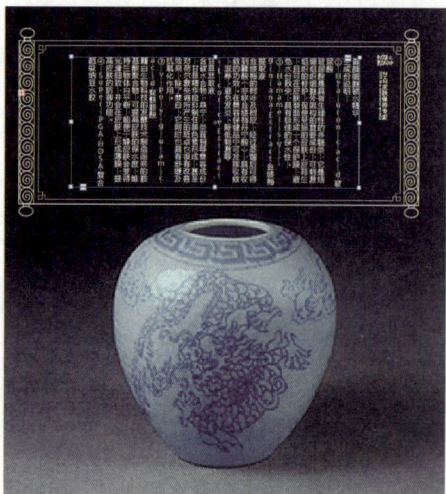

图 6-8

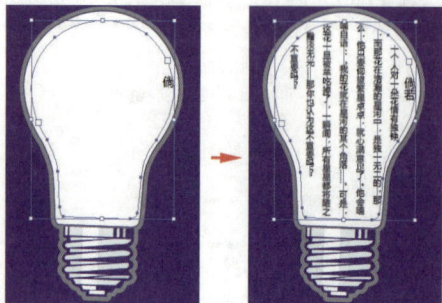

图 6-10

第二节 打开、置入与导出文本

Illustrator 中可以使用置入的方式导入文本，也可以将文本导出指定文件格式的文档。

一、【打开】文本

执行【文件—打开】命令，选择 Word 文本文件，单击【打开】按钮，弹出【Microsoft Word 选项】对话框，设置该对话框后单击【确定】按钮即可打开文本文件。Illustrator 除了可以打开 Word 文件外还可以打开纯文本文件，如图 6-11 所示。

五、直排区域文字工具

创建直排区域文字，首先需要使用【钢笔工具】绘制一个闭合路径的形状，然后使用工具箱中的【直排区域文字工具】在形状内单击鼠标左键将路径形状转换成文字区域后即可输入文字，如图 6-9 所示。（参考文件可打开【图 6-5 素材 .ai】）

六、直排路径文字工具

【直排路径文字工具】同样可以创建出沿路径排列的文字。打开文件【图 6-6 素材 .ai】，然后使用工具箱中的【多边形工具】，在适当的位置上创建一个五边形，再单击工具箱中的【直排路径文字工具】，将鼠标移动到五边形路径上单击即可输入文字，如图 6-10 所示。

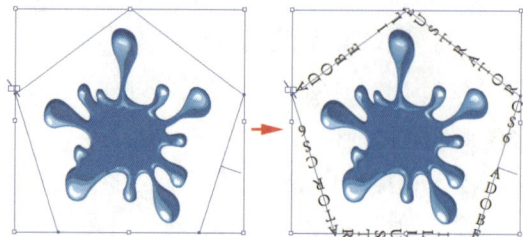

图 6-11

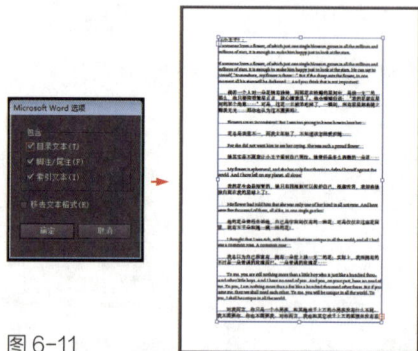

图 6-9

二、【置入】文本

【置入】文本，首先需要新建一个页面，再执行【文件—置入】命令，选择要置入的文本文件，单击【打开】按钮，弹出【Microsoft Word 选项】对话框或【文本导入选项】对话框。对该对话框进行设置后单击【确定】按钮即可置入文本文件。如果勾选【移去文本格式】复选框，文字则以纯文本的形式置入。还可以对外部的文本文件通过拷贝，粘贴到 Illustrator 页面中，如图 6-12 所示。

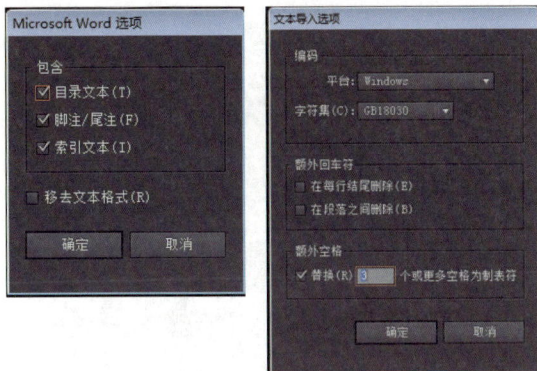

图 6-12

三、【导出】文本

如果需要将 Illustrator 中的文本导出到文本文件中，选定该文本后执行【文件—导出】命令，弹出【导出】对话框，再在【导出】对话框中选择文件导出的位置、输入文件名，然后选择保存类型。

点击【确定】按钮后弹出【文本导出选项】对话框，可以在其中选择一种平台和编码，单击【导出】按钮即可完成文本导出，如图 6-13 所示。

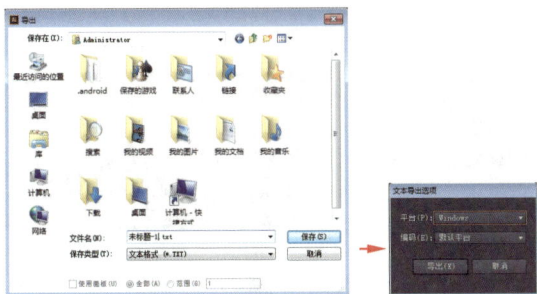

图 6-13

第三节 【文字】调板与文字属性

Illustrator 中的【文字】调板可以修改和设置文字的属性，其中包括【字符】调板、【段落】调板、【字符/段落样式】调板、【制表符】调板及【OpenType】调板选项。

一、【字符】调板

【字符】调板包括字体、字间距、行距、垂直水平缩放、字符旋转、上标、下标、大写

字母等选项。执行【窗口—文字—字符】命令或按下【Ctrl+T】键，即可打开【字符】调板，如图 6-14 所示。

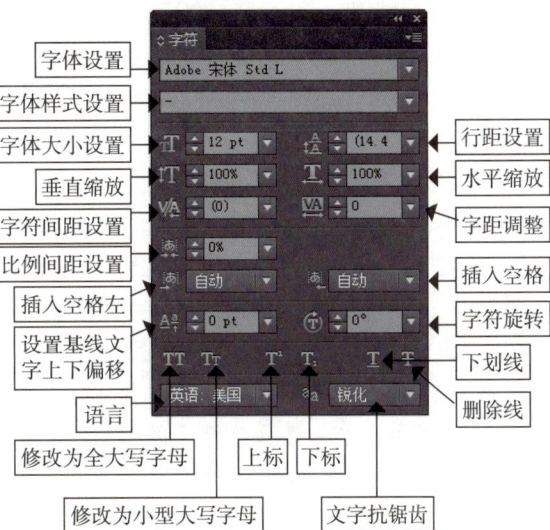

图 6-14

二、【段落】调板

【段落】调板用于修改段落，包括对齐、缩进等选项。执行【窗口—文字—段落】命令或按下【Ctrl+Alt+T】键，即可打开【段落】调板，如图 6-15 所示。

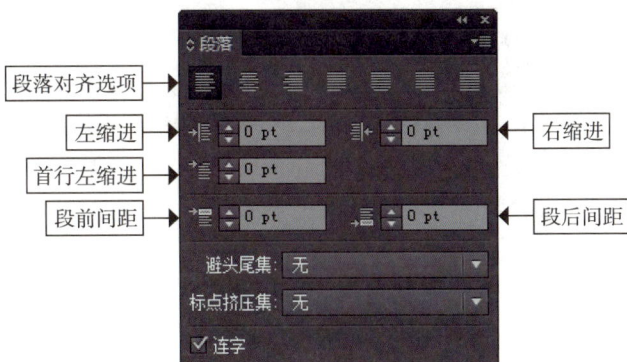

图 6-15

1. 段落对齐选项

【段落】调板中有很多种对齐方式可供选择，使用工具箱中的【文字工具】，选中需要修改的段落，然后单击【段落对齐】面板中的某一对齐方式，该段落就会以该按钮的对齐方式对齐。对齐按钮依次为左对齐、居中对齐、

右对齐、双齐末尾齐左、双齐末尾居中、双齐末尾齐右、全部强制齐行。

2. 段落缩进

段落缩进包括整段与段落文本框之间的缩进量、段落首行的缩进量、段前与段落上边框之间的缩进量及段前后与段落下边框之间的缩进量。

3. 避头尾集

避头尾指的是中文或日文之间的换行方式。不能位于行首或行尾的字符被称为避头尾字符。Illustrator 具有严格避头尾集和宽松避头尾集，日文中采用宽松避头尾集或弱避头尾集则忽略长音符号和小平假名字符。使用避头尾设置时，会禁止将避头尾中涉及的符号或字符放置在行首或行尾。使用【文字工具】选择需要设置避头尾间断的文字，点击【段落】调板右上角的三角形按钮，在弹出的菜单中选择【避头尾法则类型】命令，在子菜单中选择适合的选项，如图 6-16 所示。

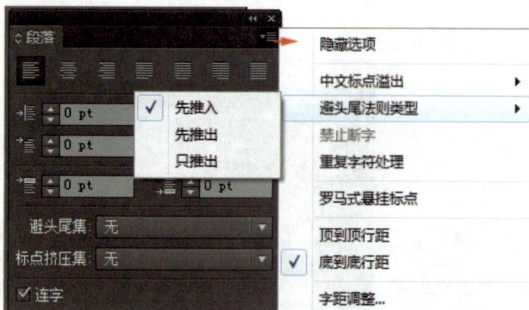

图 6-16

4. 标点挤压集

标点挤压指亚洲字符、罗马字符、标点符号、特殊符号、行首行尾及数字之间的间距，以便确定排版方式。在【段落】调板中单击【标点挤压集】按钮，执行【标点挤压】命令，弹出【标点挤压设置】对话框，点击【新建】按钮，输入标点挤压集的名称，点击【确定】按钮，即可创建新的标点挤压集，如图 6-17 所示。

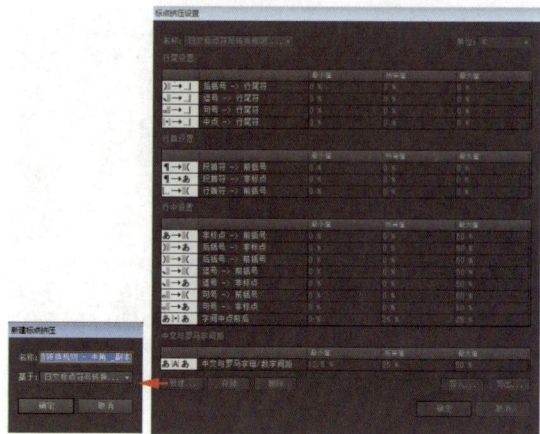

图 6-17

三、【字符 / 段落样式】调板

【字符 / 段落样式】调板是一个【字符 / 段落属性】的集合，可以将设置好的【字符 / 段落样式】保存成文本模板，以便以后编辑文本随时调用。

点击【字符 / 段落样式】调板下方的【新建样式】按钮可以创建若干新样式，每个样式都可以对不同的字符样式和段落样式进行设置和编辑，如图 6-18 所示。

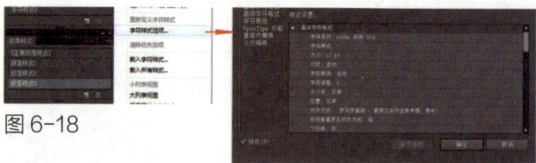

图 6-18

四、【制表符】调板

【制表符】调板可以在不使用表格的情况下在垂直方向上对齐文本。执行【窗口—文字—制表符】命令，打开【制表符】面板，设置文字或段落的制表位。在段落中插入光标的位置，或者选择为文字中所有段落设置制表符定位点。在【制表符】面板中，单击一个【对齐】按钮，指定文本与制表符的对齐方式，如图 6-19 所示。

【制表符】的使用首先选择【文字工具】，选中一个段落文字，然后单击【制表符】面板中的缩进标记，拖动上缩进标记以缩进首行文本拖动下缩进标记缩进除第一行之外的所有

左对齐制表符　右对齐制表符

X 增加或减少制表符的值

制表符后的重复性字符

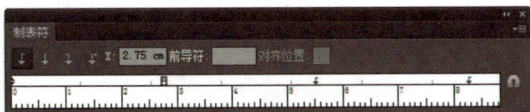

居中对齐制表符　小数点对齐制表符

与文本关联

上缩进标记

图 6-19

行，按住【Ctrl】键拖动下方标记可同时缩进整个段落。

重复执行【制表符】命令可根据制表符与左缩进，或前一个制表符定位点间的距离创建多个制表符。使用【文字工具】可在段落中单击并设置一个插入点。然后在制表符面板中的标尺上选择一个制表位，点击右上角的三角形按钮，在弹出的菜单中选择【重复制表符】命令，如图 6-20 所示。

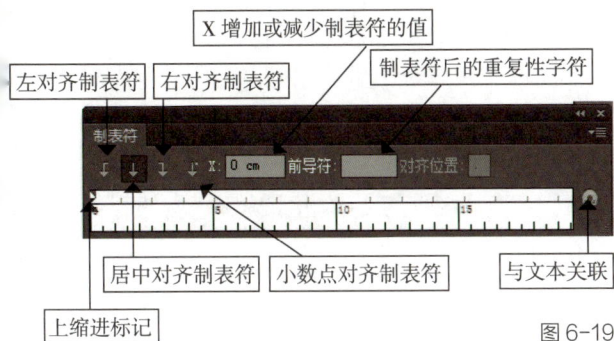

图 6-20

五、【OpenType】调板

OpenType 字体是一种通用于 Windows 和 Macos 平台的字体文件，跨平台因为有了 OpenType 字体才不会因为文本的重新排列而带来的困扰。

执行【窗口—文字—OpenType】命令，打弹出【OpenType】调板，可以在该对话框中设置替代字符，如图 6-21 所示。

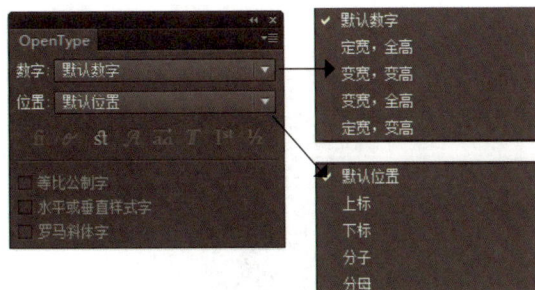

图 6-21

利用文字菜单对文字进行编辑，如查找/替换文本、文本绕排、创建轮廓等。

一、编辑菜单与文字编辑有关的选项

（一）查找和替换文本

选中需要进行查找和替换的文本框架，执行【编辑—查找和替换】命令，弹出【查找和替换】对话框，输入要查找和替换的文本，也可以在查找和替换右侧的按钮中选择各种字符，如图 6-22 所示。

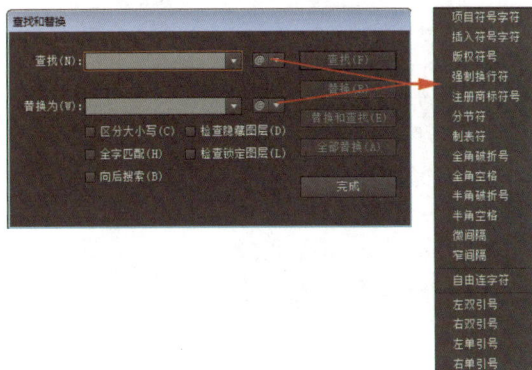

图 6-22

（二）拼写检查

【拼写检查】命令主要是用于单词查找和更改。执行【编辑拼写检查】命令，弹出【拼写检查】对话框。在准备开始中键入单词或在建议单词中选择一个单词，单击【开始】按钮即进入拼写检查；点击忽略或全部忽略按钮继续拼写检查，而不改变特定单词；点击更改或全部更改按钮更改文档中的错误单词，如图 6-23 所示。

（三）清理空文字

【清理空文字】命令将删除不用的文字，执行【对象—路径—清理】命令，弹出【清理】对话框，选择空文本路径，点击【确定】按钮，如图 6-24 所示。

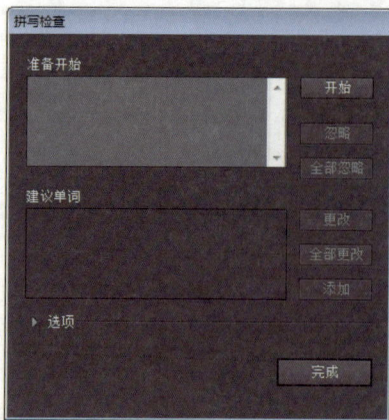

图 6-23

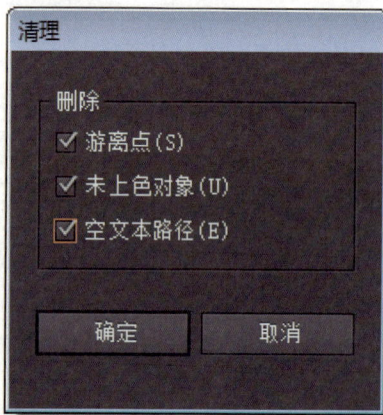

图 6-24

二、对象菜单与创建文本绕排

文本围绕在任何对象的周围，形成文本绕排形式，绕排的对象包括文字对象、导入的图像、Illustrator 中绘制的对象。对于嵌入的位图，Illustrator 会在不透明或半透明的像素周围绕排文本，全透明区域则不能被绕排。

使用工具箱中的【文字工具】输入一段文本，然后在页面空白处绘制一个图形。将该图形移至文字中并调整其大小、位置，将其排列在最上层。使用【选择工具】选择文字与图形，执行【对象—文本绕排—建立】命令，弹出【文本绕排选项】对话框，点击【确定】按钮，如图 6-25、图 6-26 所示。

使用【直接选择工具】选中图形对象，在区域文字中任意缩放、移动图形的位置，绕排

的文字也随之发生变化，如图 6-27 所示。

如果需要增大或减小图形对象与文字之间的距离，执行【对象—文本绕排—文本绕排】命令，弹出【文本绕排选项】对话框，在位移中设置一定的数值后，单击【确定】按钮，如图 6-28 所示。

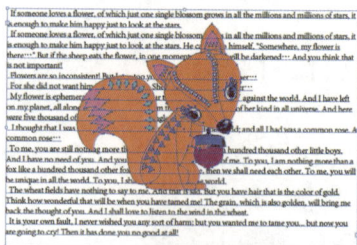

图 6-25

图 6-26

图 6-27

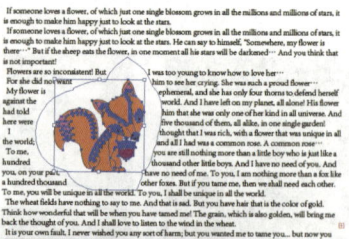

图 6-28

三、文字菜单与文字编辑有关的选项

（一）串接文本

若输入区域文字超出了区域范围时，可以通过文本串接的方式，将未显示完整的文本显示在其他区域中，并且可以使两个区域间的文字保持关联状态。

打开【图 6-7 素材 .ai 】，使用【选择工具】选择两段文字对象，执行【文字—串接文本—创建】命令，即可将文字串联，如图 6-29 所示。

如果需要删除或中断串接，选择已经串接的对象，在文字对象任意端的连接点双击鼠标左键或者执行【文字—串接文本—释放多选文字】命令，即可断开文字串接，断开后文字将排列在第一个文字对象中，如图 6-30 所示。

（二）复合字体

复合字体是将日文和西文字体中的字符混合起来用作一种字体的特殊字体。执行【文字—复合字体】命令，弹出【复合字体】对话框，在该对话框中对字体大小、基线、垂直 / 水平缩放、从中心缩放等进行相应的设置，如图 6-31 所示。

图 6-29

图 6-30

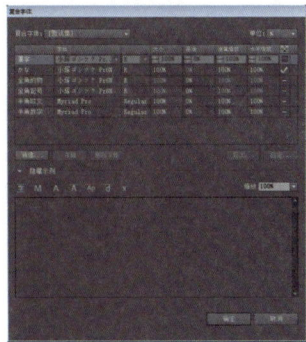

图 6-31

（三）适合标题

执行【文字—适合标题】命令可以使文本框两端对齐，如图 6-32 所示。

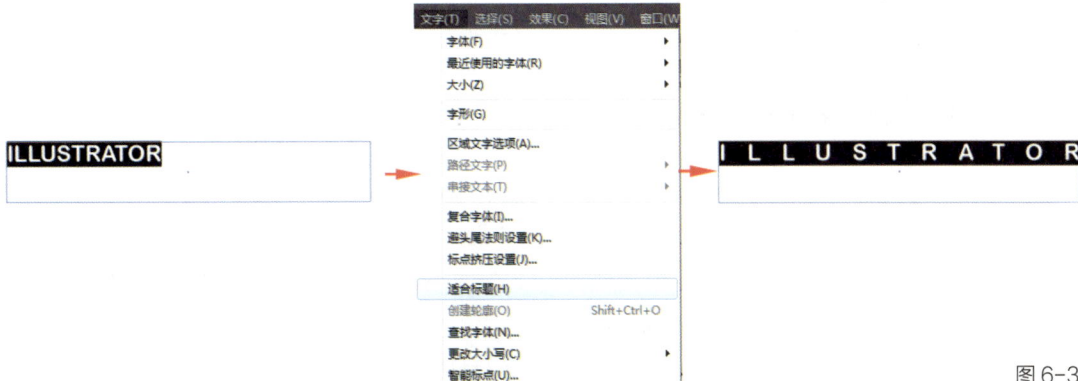

图 6-32

（四）创建轮廓

创建轮廓就是将文字对象转换成普通的形状路径，转换后可以对文字的锚点进行编辑处理。选中文字对象，执行【文字—创建轮廓】命令或按下【Ctrl+Shift+O】键，文字对象即可转换成形状路径，如图 6-33 所示。

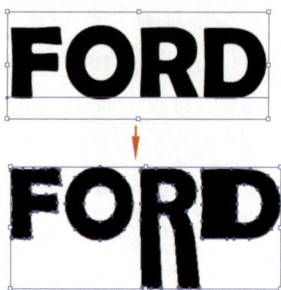

图 6-33

（五）查找替换字体

查找替换字体是指查找文档中的指定字体并用其他字体替换。执行【文字—查找字体】命令，弹出【查找字体】对话框，输入文档需要查找的字体，然后选择替换字体。点击更改或全部更改，即可对当前选定的字体或所有字体进行替换，如图 6-34 所示。

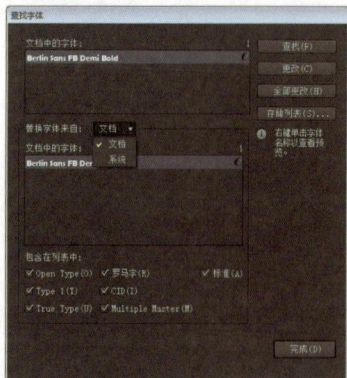

图 6-34

（六）智能标点

智能标点可以搜索键盘标点字符并将其转换成相同的印刷体标准字符。如果需要替换指定文本中的字符，选择需要的文本对象或字符，执行【文字—智能标点】命令，在弹出的【智能标点】对话框做相应的设置即可，如图 6-35 所示。

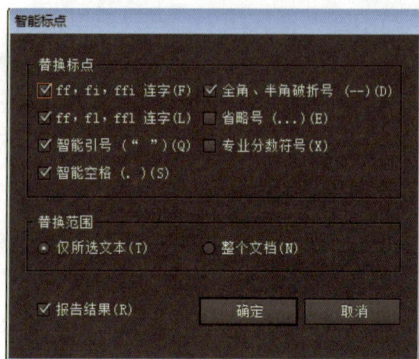

图 6-35

（七）视觉边距对齐方式

选中文本，执行【文字—视觉边距对齐方式】命令，可以控制标点符号等是否显示在文字框以外，能产生对齐的视觉效果。

（八）显示隐藏字符

选中文本，执行【文字—显示隐藏字符】命令，可以选中标记非打印字符并将所有字符显示出来。

（九）文字方向

选中文本，执行【文字—文字方向】命令，可以快速地改变文本的排列方式。

（十）旧版文字

打开文档后，执行【文字—旧版文字】命令，可以快速地更新文档中所有旧版文本。

案例一：Illustrator 的文本串接功能为页面添加自动页码

素材文件存放位置：章节案例 / 第六章。

本案例主要讲解通过使用【区域文字工具】串接文本自动进行页码设置，素材文件如图 6-36 所示。

具体操作步骤如下：

1. 新建 A4 页面，在画板数量选项栏内输入 10，然后对每一个画板设计图形和文字的组合，如图 6-37 所示。

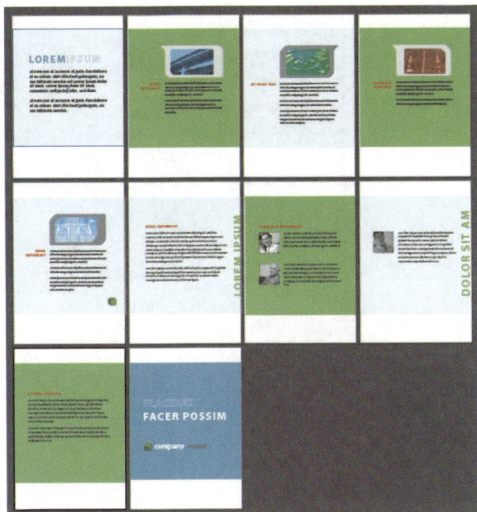

图 6-36

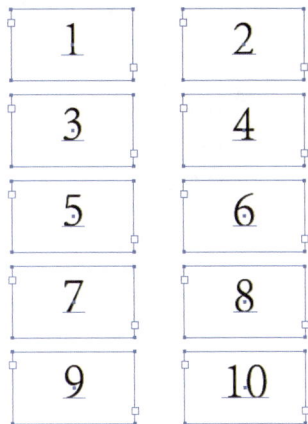

图 6-38

3. 调整好矩形区域文字的位置和大小（也就是页码所要放的位置），然后执行【编辑—在所有画板上粘贴】命令，为页面设置页码。删除对齐的矩形区域文字，进一步调整矩形在画板中的分布，使用【对齐】调板对齐所有区域文字，如图 6-39 所示。

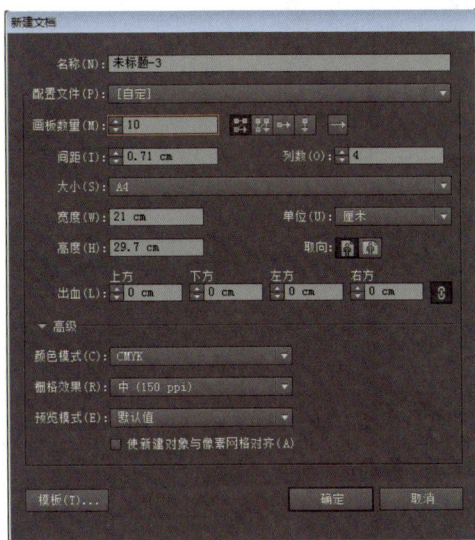

图 6-37

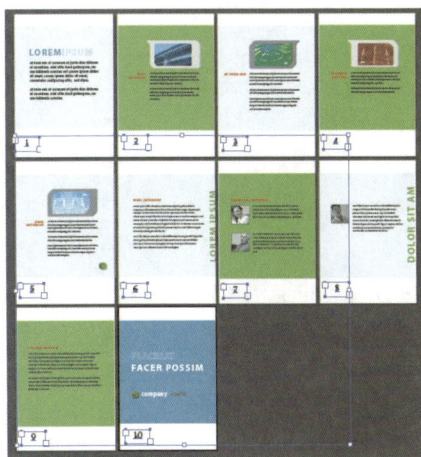

图 6-39

2. 使用工具箱中的【矩形工具】，在文档中绘制一个矩形，并对其进行复制。然后在每一个矩形中使用工具箱中的【区域文字工具】输入相应的数字，并对这些数字的大小和字体进行相应的设置，这样每一个矩形就转换成了矩形区域文字，如图 6-38 所示。

4. 使用工具箱中的【选择工具】选择所有矩形，然后执行【串文字—串接文本—创建】命令连接各页页码，如图 6-40 所示。

5. 如果需要对页码进行删减，直接删除页面和相对的页码文本框即可，其他页面页码将会自动调整，如图 6-41 所示。

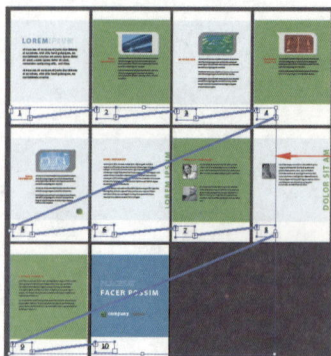
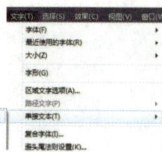

图 6-40

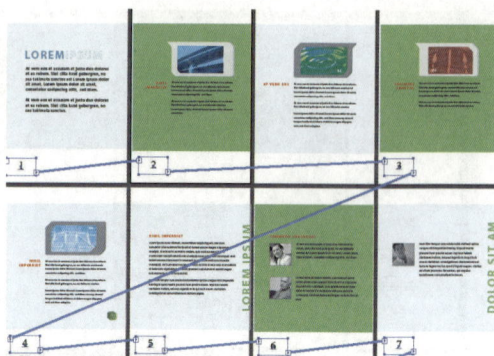

图 6-41

6. 如果需要增加页面和页码，可以在想增加页面的前一页点击矩形区域文本框中的方框箭头符号，当鼠标改变状态时单击鼠标左键即可增加页码，然后在后一页串联的线段上点击鼠标左键即可增加页码，后续页面页码将自行调整，如图 6-42、图 6-43 所示。

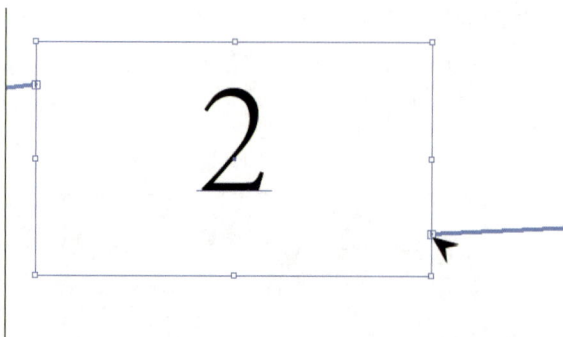

图 6-42

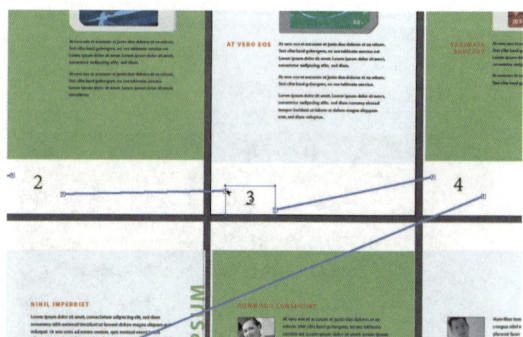

图 6-43

案例二：Illustrator 快速制作目录

素材文件存放位置：章节案例 / 第六章。

本案例主要讲解为说明书、杂志等创建目录时所需的快捷方法。常规目录中的点和线主要用于分隔内容和页码，在分隔排列的时候，由于内容长短不一，导致点线分隔后还需一行一行的手动对齐页码，非常不方便。通过本案例的讲解可以很好地解决上述问题，从而快速有效地创建目录。完成的目录效果如图 6-44 所示。

制作目录的具体操作步骤如下：

1. 使用工具箱中的【矩形工具】在页面中绘制一个矩形，用来划分目录文字的范围，单击工具箱中的【区域文字工具】，在矩形的边缘点击鼠标左键，将矩形路径转换为矩形区域文字框，并输入相应的文字，设置文字属性，如图 6-45 所示。

图 6-44

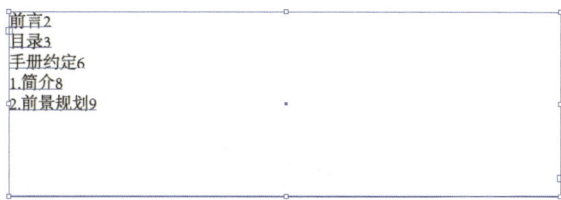

图 6-45

2.选中矩形区域文本框，使用工具箱中的【区域文字工具】在文字和页码之间点击鼠标左键，按下【Tab】键，如图 6-46 所示。

3.使用工具箱中的【选择工具】，选中整个矩形区域文本框，执行【窗口—文字—制表符】命令，弹出【制表符】面板，单击【制表符】面板右侧的【磁铁】按钮，将制表符吸附到矩形区域文本框上，如图 6-47 所示。

4.在【制表符】面板中选择【居中对齐制表符】按钮，如图 6-48 所示。

5.在 X 轴向内输入 13cm，前导符中输入【.】即可整齐快捷地创建目录，完成的目录如图 6-49 所示。

图 6-46

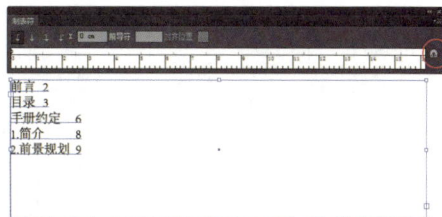

图 6-47

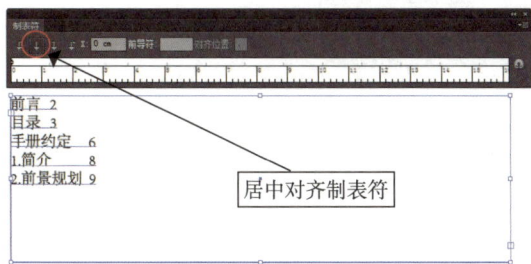

图 6-48

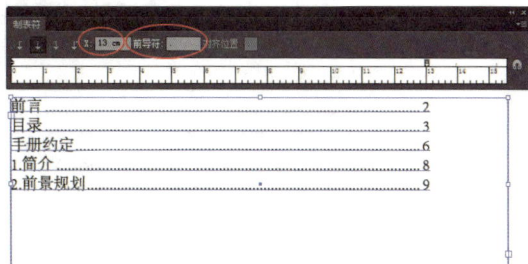

图 6-49

案例三：编排文字段落技法

本案例主要讲解运用段落样式快速编排文字段落。

1.执行【窗口—文字—字符样式】命令，打开【字符样式】调板，点击【字符样式】调板右上角的三角形按钮，在弹出的菜单中选择【新建字符样式】命令，如图 6-50 所示。

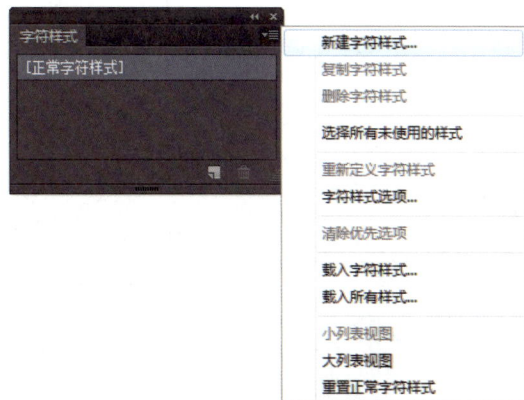

图 6-50

2.在弹出的【新建字符样式】对话框中输入【操作手册】，单击【确定】
按钮后，即可在【字符样式】调板中增加该字符样式，如图6-51所示。

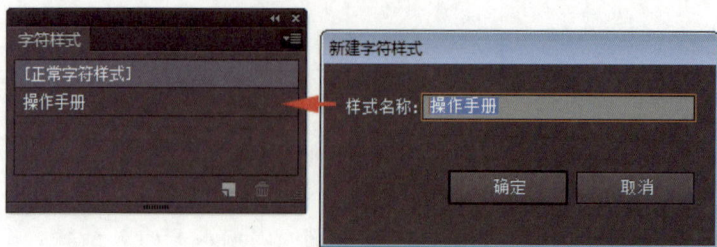

图6-51

3.在【字符样式】调板中选择【操作手册】后，单击该调版右上角的
三角形按钮，弹出的菜单中选择【字符样式】命令，在弹出的【字符样式
选项】对话框中编辑字符的各种属性及排列方式，以便在文字编排的时候
随时调用字符样式，如图6-52所示。

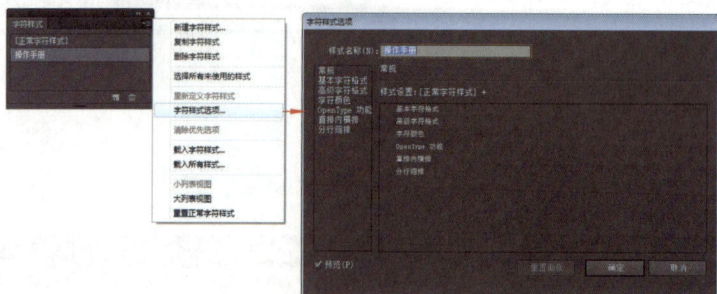

图6-52

4.使用工具箱中的【文字工具】输入文字，然后对【操作手册】字符
样式进行相应的设置，如图6-53、图6-54所示。

5.使用工具箱中的【文字工具】选中需要编辑的文字对象，单击【字
符样式】调板中的【操作手册】，被选中的文字属性就变换成既定设置中
的相应文字属性。还可以继续对其添加其他文字样式，如图6-55所示

6.【段落样式】调板和【字符样式】调板的使用及设置方法基本相同。

图6-53

图6-54

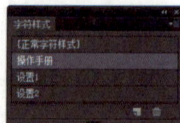

图6-55

第七章 外观与效果

本章导读

Illustrator 中对象的外观属性包括描边、填充和不透明度。在【外观】调板中可以实时修改对象的属性和混合模式等。效果菜单中包括 Illustrator 效果组及 Photoshop 效果组，这些效果可用于某个对象、组或图层。点击菜单栏中的【效果】按钮，可以在弹出的菜单中选择不同的效果。

精彩看点

- 外观应用与编辑效果
- Illustrator 效果组
- Photoshop 效果组
- 图形样式与图案选项

第一节 外观应用与编辑效果

Illustrator【外观】调板对于所选对象、组或图层进行填充、描边，添加图形样式及效果等均可以进行相应的设置。

一、【外观】调板与添加效果

执行【窗口—外观】命令，打开【外观】调板。在【外观】调板中按堆叠顺序对填充和描边进行排列，面板中的图层顺序与选中的对象前后顺序要保持一致，各种效果也按对象中的顺序从上到下排列，如图 7-1 所示。

图 7-1

在【外观】调板中，可以为对象添加一些效果。选中对象的填充或描边后，单击该调板底部的添加新效果【fx】按钮，在弹出的菜单中执行【风格化】命令，可对该效果进行相应的参数设置，如图 7-2 所示。

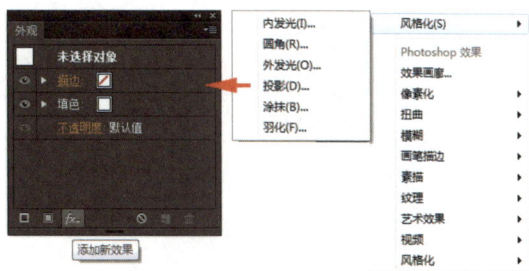

图 7-2

二、【外观】调板的属性编辑

（一）修改效果

可以在【外观】调板中修改或删除已经添加的效果。选中对象，在已经设置好的效果（波纹效果）上单击鼠标左键，弹出【波纹效果】对话框，在该对话框中对该效果进行修改，如图 7-3 所示。

（二）复制属性

选中需要复制属性的对象，在【外观】调板中选择某属性选项，单击调板中最下方的【复制所选项目】选项按钮，即可复制当前属性。

（三）删除外观属性中的特定属性

删除外观属性中的一个特定属性，只需要选中该属性，然后单击【外观】调板下方的【删除】按钮，即可对该属性进行删除。

（四）隐藏属性

如果需要暂时隐藏页面中的对象的某个属性，单击【外观】调板中的【可视性】（眼睛）按钮，即可隐藏该属性，隐藏后对象的这个属性将不可视。再次单击【可视性】（眼睛）按钮后该属性即变为可视。

（五）应用上次使用的效果

执行【效果—应用】命令，即可应用上次使用的效果。若要对其进行设置，可执行效果菜单下的子菜单命令。

（六）栅格化效果

如果要将矢量对象某一属性转换成位图效果，可执行【效果—栅格化】命令，在弹出的【栅格化】对话框进行栅格化设置，如创建栅格化外观，所得到的效果如图 7-4 所示

图 7-3

图 7-4

第二节 Illustrator 效果组

一、3D 效果

Illutrator 中的 3D 效果可以将路径、文字或位图转换成三维对象。下面我们将通过案例来讲解 Illustrator 中 3D 效果的使用。3D 效果普遍应用于平面设计，如图 7-5 所示。（素材文件存放位置：案例素材 / 第七章 / 案例：海报中的立体文字方法 .ai）

案例：海报中的立体文字

完成的 3D 效果如图 7-6 所示。

图 7-5

图 7-6

操作步骤如下：

1. 在页面中使用工具箱中的【文字工具】输入文字，在色板】调板中选择一个绿色作为填充色，如图 7-7 所示。

2. 执行【效果—3D—凸出和斜角】命令，弹出【3D凸出和斜角选项】对话框，如图7-8所示。

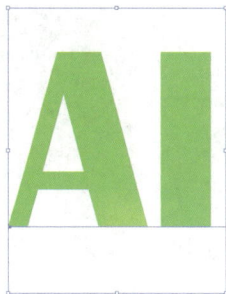

图 7-7

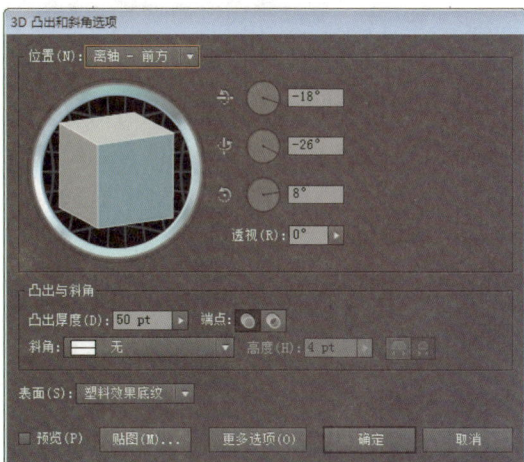

图 7-8

3. 勾选【预览】复选框后可以直接预览到文字对象默认的 3D 效果，如图 7-9 所示。

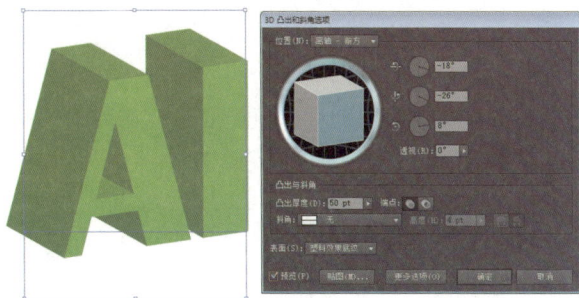

图 7-9

4. 在【3D 凸出和斜角选项】对话框中单击【较多】选项按钮，可以增加其他效果选项，如表面灯光效果等。调整对象 X、Y、Z 轴的旋转角度和透视角度，对凸出厚度进行设置，然后再设置灯光角度、添加环境光源等，如图 7-10 所示。

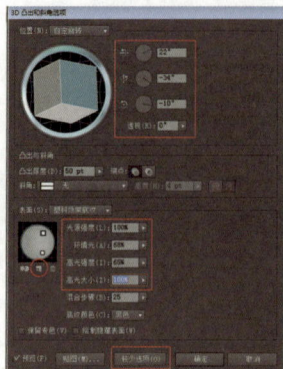

图 7-10

5. 单击【3D 凸出和斜角选项】对话框下方的【贴图】按钮，弹出【贴图】对话框，贴图功能是利用集成的符号或创建的符号对象的表面进行贴图，可以根据对象的各个面选择不同的符号贴图，点击【确定】按钮完成贴图，如图 7-11 所示。

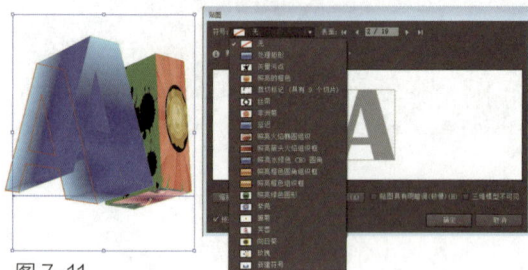

图 7-11

6. 设置好选项后点击【确定】，完成 3D 效果文字，此时可以对文字的字体进行修改，也可以在文字对象上单击鼠标右键，在弹出的菜单中选择【创建轮廓】，完成 3D 效果的编辑，如图 7-12 所示。

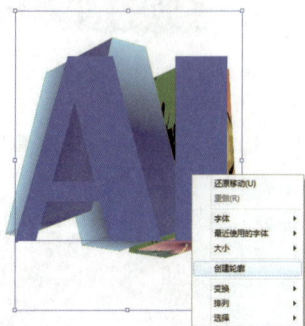

图 7-12

案例：3D 碗的制作

本案例主要讲解运用开放路径结合 3D 绕转效果制作 3D 碗，完成的效果如图 7-13 所示。（素材文件存放位置：案例素材 / 第七章 / 案例：3D 碗 .ai）

具体操作步骤如下：

1. 在页面中使用【钢笔工具】绘制一段开放路径，如图 7-14 所示。

2. 在色板中选择一个土黄色，为路径描边。执行【效果—3D—绕转】命令，打开【绕转】对话框，在位移选择项框中选择右边，完成后如图 7-15 所示。

3. 点击【绕转】对话框下方的【贴图】按钮，弹出【贴图设置】对话框，为创建出的 3D 碗进行贴图，如图 7-16 所示。

图 7-13

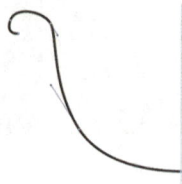

图 7-14

图 7-15

图 7-16

二、【变形】效果组

案例：变形效果纸杯

变形效果可以使对象的外观发生变化。使用工具箱中的【选择工具】选择对象，执行【效果—变形】命令，打开【变形选项】对话框，选择相应的样式选项，再对其样式做相应的设置，单击【确定】按钮，即可完成变形如图 7-17 所示。（素材文件存放位置：案例素材 / 第七章 / 案例：变形效果纸杯 .ai）

图 7-17

三、【扭曲】和【变换】效果组

案例：收缩和膨胀效果

使用扭曲和变换效果可以改变对象的形状，扭曲和变换节选收缩和膨胀效果。使用工具箱中的【选择工具】选择对象，执行【效果—扭曲和变换—收缩和膨胀】命令，打开【收缩和膨胀选项】对话框，移动滑块并预览效果，单击【确定】按钮，如图 7-18、图 7-19 所示。（素材文件存放位置：案例素材 / 第七章 / 案例：收缩和膨胀素材 .ai）

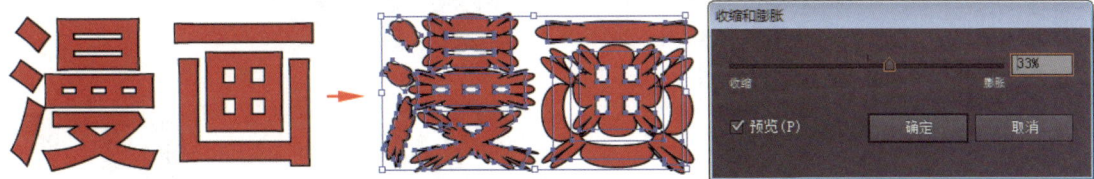

图 7-18

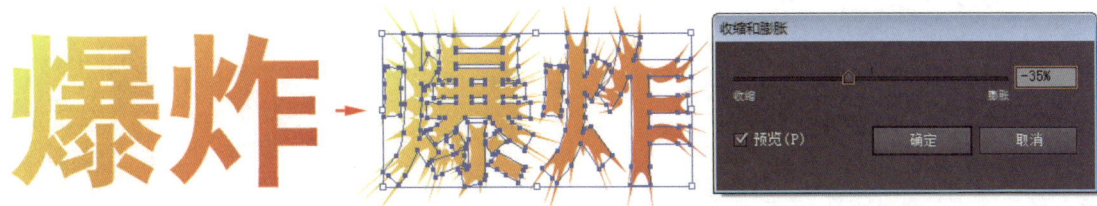

图 7-19

四、裁剪标记

案例：裁剪标记

使用【裁剪标记】命令除了可以为选定的对象指定不同画板以裁剪输出不同的图稿外，还可以在一个页面中创建和使用多组裁剪标记。【裁剪标记】可以指示出打印纸张的剪裁位置。选择一个对象，对其执行【效果—裁剪标记】命令，该对象会自动按照相应的尺寸创建裁剪标记。如果需要删除裁剪标记，选中已创建的对象，在【外观】调板中选择【裁剪标记】，单击删除所选项目即可对其进行删除，如图7-20所示。（素材文件存放位置：案例素材/第七章/案例：裁剪标记.ai）

图 7-20

五、【风格化】效果组

使用【风格化】效果可以为路径对象添加内发光、圆角、外发光、投影、涂抹、添加箭头及羽化等效果。【风格化】效果组节选投影与涂抹的方法。

案例：制作阴影或者投影效果

在 Illustrator 中制作阴影或者投影的技巧很多，下面列举四种常见的方法，完成的效果如图7-21所示。（素材文件存放位置：案例素材/第七章/案例：制作阴影或者投影的技巧.ai）

技巧一：

在页面中使用【文字工具】输入文字，执行【效果—风格化—投影】命令，在弹出的【投影】对话框中设置模式、不透明度、X/Y位移距离、模糊程度、投影颜色等，单击【确定】按钮即可完成该效果的制作，如图7-22所示。

技巧二：

在页面中使用【文字工具】输入文字，按住【Alt】键复制出一个副本，在色板中选择相应的填充色，然后根据底图的需要将副本置于原对象的底层或者顶层并进行偏移，如图7-23所示。

技巧三：

在页面中使用【文字工具】输入文字，执行【对象—路径—偏移路径】命令，在弹出的【偏移路径】对话框中设置位移、连接等，单击【确定】按钮，然后对偏移出的对象填充黑色，如图7-24、图7-25所示。

技巧四：

在页面中使用【文字工具】输入文字，按住【Alt】键复制出一个副本，在色板中选择黑色作为填充色，然后选中副本执行【效果—模糊—高斯模糊】命令，将原始对象堆叠于模糊对象的顶层即可完成投影效果的制作，如图7-26和图7-27所示。

图 7-21

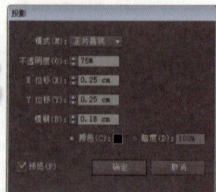

图 7-22

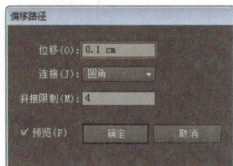

图 7-23

图 7-24

图 7-25　　　　　　　　　　图 7-26　　　　　　　　图 7-27

案例：黑板字的制作

本案例主要介绍 Illustrator【滤镜】组中的【涂抹】效果的制作方法。制作过程中可以按照对象边缘添加【手指涂抹】效果。使用【选择工具】选中对象，执行【效果—风格化—涂抹】命令，在弹出的【涂抹选项】对话框中对涂抹的角度、变化、描边宽度、曲度等进行设置，如图 7-28 所示。（素材文件存放位置：案例素材 / 第七章 / 案例：黑板字效果 .ai）

在色板中选择相应的颜色，为对象进行填充和描边，完成的效果如图 7-29 所示。

图 7-28　　　　　　　　　　　　　　　　图 7-29

第三节 Photoshop 效果组

Illustrator 中的 Photoshop 效果组中集合了 Photoshop 的大多数效果。可以对这些集合中的某一对象应用一种或多种效果，下面通过案例重点对像素化效果组、模糊效果组和纹理效果组进行讲解。

一、【像素化】效果组

【像素化】效果的使用是基于栅格化的对象上完成的，要在矢量对象上使用像素化效果，都要先对对象进行栅格化设置。

案例：Illustrator 制作彩色半调图片

本案例主要讲解通过运用【像素化彩色半调】效果和使用【色板库】中的图案基本图形等方法进行半调网纹的制作，完成的效果如图 7-30 所示。（素材文件存放位置：案例素材 / 第七章 /Illustrator 制作彩色半调图片素材 .jpg）

图 7-30

具体步骤如下：

1. 新建 A4 文档，执行【文件—置入】命令置入文件【Illustrator 制作彩色半调图片 .jpg】，如图 7-31 所示。

2. 为该对象执行【编辑—编辑颜色—转换为灰度】命令，如图 7-32 所示。转换为灰度效果，如图 7-33 所示。

图 7-31   图 7-32   图 7-33

3.选中对象，执行【效果—像素化—彩色半调】命令，弹出【彩色半调】对话框，将最大半径设置为20，其他选项不变。如果半调里的网点过大或过小，双击【外观】调板中的【彩色半调】效果改变最大半径值。现在可以描摹图片创建矢量图形了，如图7-34所示。

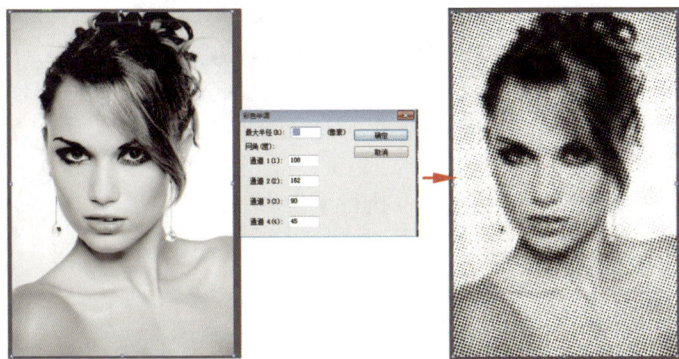

图7-34

4.执行【对象—扩展外观】命令，将半调图像效果转换成可编辑的对象，如图7-35所示。

5.选中图形，单击【图像描摹】面板右边的三角形按钮，在弹出的选项菜单中选择【黑白徽标】描摹选项或者执行【窗口—图像描摹】命令，打开【图像描摹】面板，在该面板中进行相应的设置，如图7-36所示。

6.在属性栏内单击【扩展】按钮，即可得到矢量彩色半调形状，如图7-37所示。

7.如果还需要对对象进行着色，选中对象，单击属性栏内的【重新着色图稿】按钮，点击【编辑】按钮，即可对对象的明度、色相及在色谱内的颜色分布等进行设置，如图7-38所示。

图7-35

图7-36

图7-37

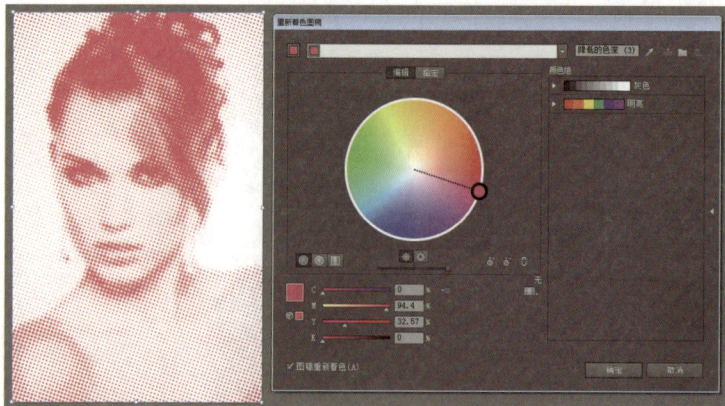

图 7-38

8. 如果想要设置更多的半调选项，执行【窗口—色板】命令，打开【色板】调板，在【色板】调板中单击色板库菜单按钮，在弹出的菜单选项中选择【图案—基本图形—点】命令，即可打开【基本图形—点色板库】面板。该面板中的最后五个色板即【半调】色板。将其中一个色板拖入到对象不同的位置上后释放鼠标后即可得出不同的半调效果，如图 7-39 所示。

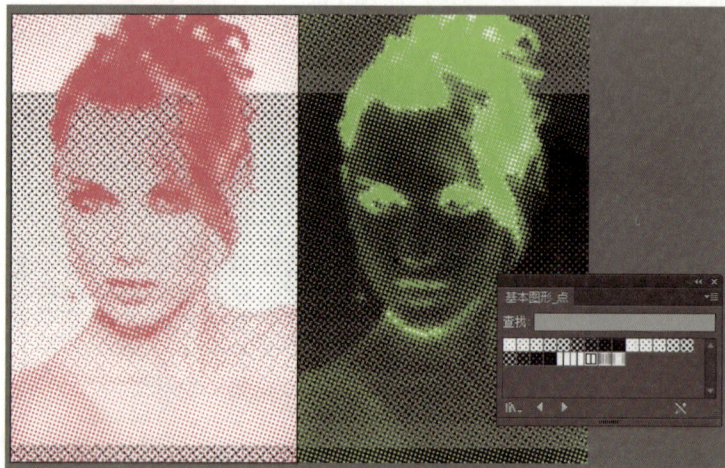

图 7-39

二、【模糊】效果组

【模糊】效果组的使用是基于栅格化的对象上完成的，无论何时对矢量对象执行这些效果都要先对对象进行栅格化处理。【模糊】效果组包括【径向模糊】、【特殊模糊】、【高斯模糊】。

案例：为对象制作内投影

本案例主要讲解通过运用【高斯模糊】效果结合【路径查找器】，再通过【不透明度蒙版】制作内投影效果，完成的效果如图 7-40 所示。（素材文件存放位置：案例素材 / 第七章 / 案例：为对象制作内投影 .ai）

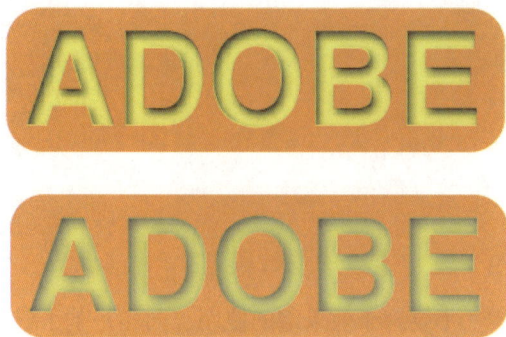

图 7-40

具体操作步骤如下：

1. 制作出如图 7-40 所示图形，并使用【选择工具】框选所有对象，按下【Ctrl+C】键复制，再按下【Ctrl+F】键将其粘贴在前面对象上，得到两组重叠在一起的对象，如图 7-41 所示。

图 7-41

2. 选中上一层的对象，单击【路径查找器】调板中的【减去顶层】按钮，得到一个镂空的橙色底图，为了方便前后堆叠，现将前后堆叠关系分开显示，如图 7-42 所示。

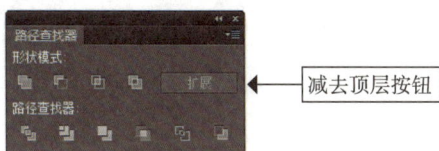

减去顶层按钮

底层对象

单击减去顶层按钮得到的顶层对象

图 7-42

3. 将底层对象的 ADOBE 字样的路径选中，按下【Ctrl+C】复制，执行【效果—风格化—投影】命令，在打开的【投影】对话框中对不透明度、X/Y 位移、模糊的参数进行相应的设置，单击【确定】按钮即可完成对顶层对象进行投影效果的制作，如图 7-43 所示。

图 7-43

4. 执行【对象—扩展外观】命令，并在选中的对象上单击鼠标右键，在弹出的快捷菜单中执行【取消编组】命令，将投影效果与前层的路径分离开，如图 7-44 所示。

图 7-44

5. 选中前层路径，按下【Delete】键删除，得到如图 7-45 所示的投影效果。

图 7-45

6. 将步骤 1 复制的 ADOBE 文字路径，按下【Ctrl+V】键粘贴到如图 7-46 所示位置上。

图 7-46

7. 使用【选择工具】选中文字路径以及投影选区，执行【窗口—透明度】命令，打开【透明度】调板，在【透明度】调板中单击【建立/释放】按钮，建立不透明度蒙版，得到的效果如图 7-47 所示。

图 7-47

8. 将底层对象和建立好的不透明度蒙版对象进行堆叠，得到如图 7-48 所示效果。

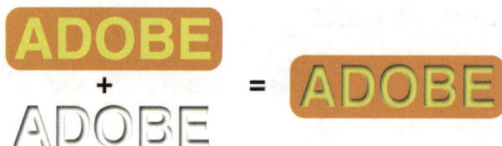

图 7-48

9. 将镂空的 ADOBE 底图执行【效果—模糊—高斯模糊】命令，得到的效果如图 7-49 所示。

图 7-49

10. 粘贴入步骤 7 中的 ADOBE 字样路径后，通过不透明蒙版建立，再显示出橙色底图的效果如图 7-50 所示。

图 7-50

三、【纹理】效果组

【纹理】效果组的使用也同样是基于栅格化的对象上完成的，【纹理】效果组包括【拼缀图】、【染色玻璃】、【马赛克】、【颗粒】、【龟裂缝】等。

案例：应用【染色玻璃纹理】效果制作图案

本案例主要讲解【染色玻璃纹理】效果经过扩展后再结合路径简化、偏移等操作，分层着色完成的图案效果，如图 7-51 所示。（素材文件存放位置：案例素材/第七章/案例：应用染色玻璃纹理效果制作图案.ai）

图 7-51

具体的制作步骤如下：

1. 使用工具箱中的【矩形工具】在页面中按住【Shift】键创建一个【5in×5in】的正方形。也可以点击【矩形工具】，在弹出【矩形】对话框中输入尺寸，然后填充 100% 品蓝色，无描边，如图 7-52 所示。

2. 接下来复制矩形，并将其粘贴在右边。使用【选择工具】选中右边的矩形，将其填充为白色并去除描边，如图 7-53 所示。

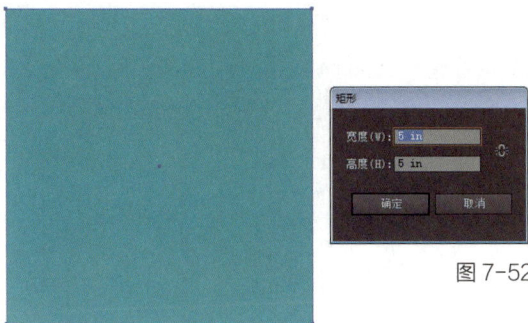

图 7-52

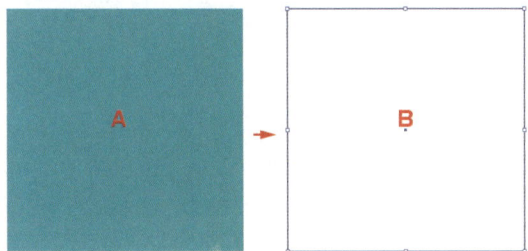

图 7-53

3. 选中白色矩形，执行【效果—纹理—染色玻璃】命令。弹出【染色玻璃效果】对话框，将单元格大小设置为 40，边界粗细设置为 7，光照强度设置为 5，单击【确定】按钮，如图 7-54 所示。

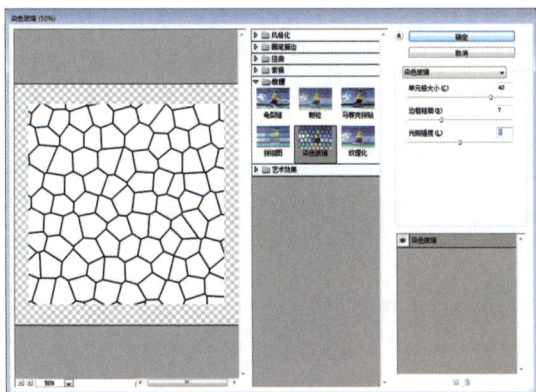

图 7-54

4. 然后执行【对象—扩展外观】命令，如图 7-55 所示。

5. 保持纹理对象为选中状态，单击【图像描摹】调板中的预设，在弹出的选项栏中选择【黑白徽标】，或者单击【图像描摹】右边的三角形按钮，在弹出的【图像描摹】面板中选择【黑白徽标】选项，如图 7-56 所示。

图 7-55

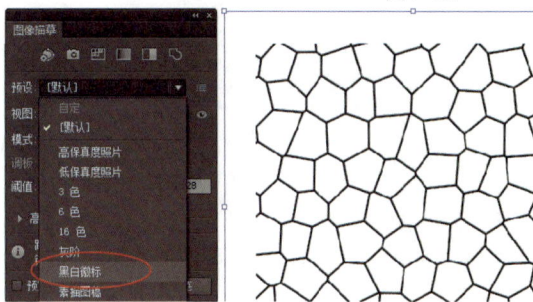

图 7-56

7. 接着，点击属性栏中的【扩展】按钮，将栅格图像转换成可编辑的对象，如图 7-57 所示。

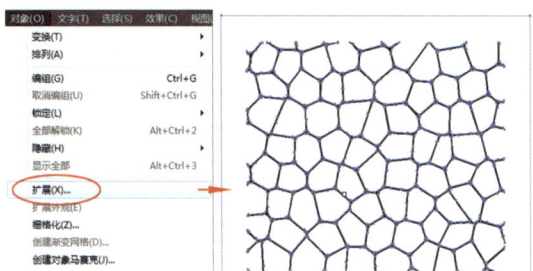

图 7-57

8. 选中纹理对象，对其执行【对象—路径—简化】命令，弹出【简化】对话框，在简化对话框中将调节曲线精度设置为 70%，角度阈值设置为 0，然后单击【确定】按钮，如图 7-58 所示。

9. 在对象上单击鼠标右键，在弹出的快捷菜单中点击【取消路径】选项，在【颜色】面板中将纹理颜色设置为 70% 品蓝色，如图 7-59 所示。

119

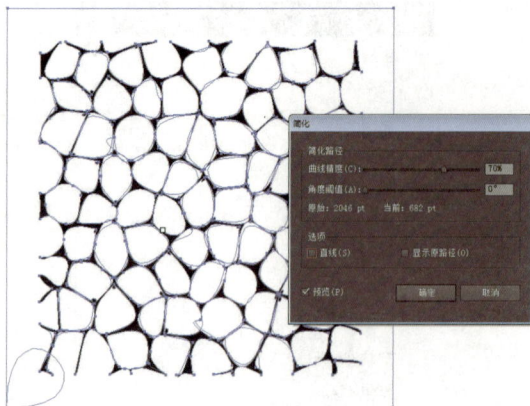

图 7-58

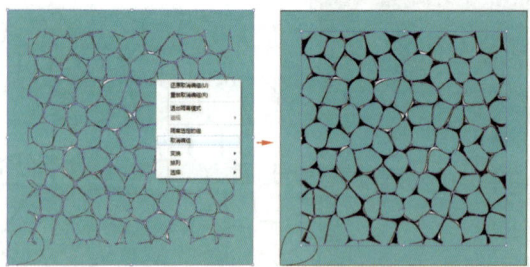

图 7-59

11. 为了让纹理看起来更有层次感，移动原始蓝色纹理并将其堆叠在后面，将颜色设置为 85% 蓝绿色，图案效果制作完成，效果如图 7-61 所示。

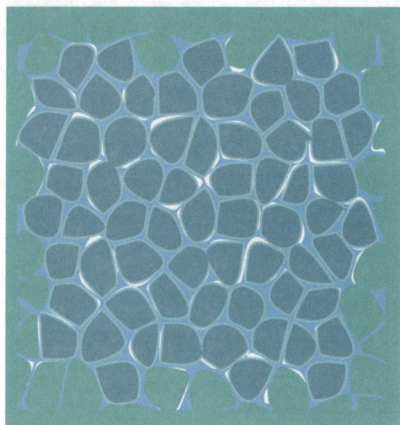

图 7-61

第四节 【图形样式】与图案选项

【图形样式】的使用可以快速更改对象的描边与填充效果和透明度及外观属性。Illustrator 中的【图形样式】不仅可以反复使用，还可以创建新的【图形样式】以便随时调用。通过色板与图案相结合的方式可创建更多的【图形样式】纹理的图案效果。

一、【图形样式】调板的使用

使用【图形样式】调板前需要先在页面中绘制一个形状路径，然后对其执行【窗口—图形样式】命令或按下【Shift+F5】键，打开【图形样式】调板，单击样式即可为形状路径创建新样式，选择其他图形样式可以对当前的样式进行更改，如图 7-62 所示。

10. 选中不规则椭圆形纹理对象路径，执行【对象—路径—偏移路径】命令，弹出【偏移路径】对话框，在【偏移路径】对话框中将偏移值设置为【-0.03in】后单击【确定】按钮。现在可以看见页面中创建了一个相对原始路径缩小了的椭圆形纹理对象路径。在选定的对象上单击鼠标右键执行【对象—取消编组】命令，将原始纹理从缩小了的纹理中分解出来。然后选中缩小了的纹理并将颜色设置为 25% 品蓝色，如图 7-60 所示。

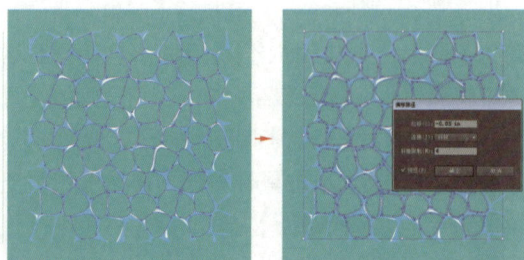

图 7-60

图 7-62

单击【图形样式】调板右上角的三角形按钮，在弹出的菜单选项中可以复制、删除图形样式，断开与图形样式的链接以及替换图形样式。如果需要删除文档中没有用到的样式，可以在菜单中选择所有未使用的样式，也可以使用鼠标点击【图形样式】调板底部的相关按钮，如图 7-63 所示。

图 7-63

单击【图形样式】调板底部的【使用样式库】按钮或单击【图形样式】调板右上角的三角形按钮，在弹出的菜单选项中选择【打开图形样式库】命令，在打开的子菜单中可以选择不同的样式库集合。在这个集合中会打开一个新的【样式库】面板，打开文件【图 7-1 图形样式素材 .ai】，使用【选择工具】，点击【鼠标左键 + Shift】键，选择手提包、裙子的外框路径，单击样式库中的样式，选择的路径内就被赋予了该样式，如图 7-64、图 7-65 所示。

图 7-64

图 7-65

二、创建【图形样式】

在 Illustrator【图形样式】调板中，还可以创建新的图形样式，选中需要进行编辑对象的外框路径，在【图形样式】调板的下方单击【新建图形样式】按钮，弹出【图形样式选项】对话框，输入新图形样式的名称，然后单击【确定】按钮，如图 7-66 所示。

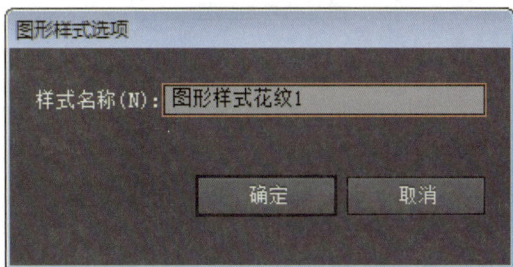

图 7-66

如果需要按现有的图形样式创建图形样式。按住【Ctrl】键单击选择要合并的图形样式，单击【图形样式】调板右上角的三角形按钮，在弹出的菜单选项中选择【合并图形样式】命令，如图 7-67 所示。

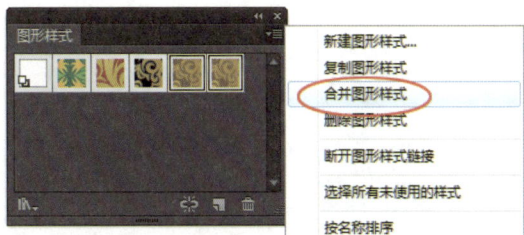

图 7-67

三、图案选项

Illustrator CS6 对于图案的操作性能有很大提高，执行【窗口—图案选项】命令，弹出【图案选项】对话框，在该对话框中设置贴图类型、砖形位移、图案的宽度和高度、图案的水平垂直间距、重叠形式、图案的组合份数、图案的缩放等选项。

如果要应用【图形样式库】中的样式，需要首先绘制对象的外观路径形状，将选中的图形样式对象到色板中，才能在【图案选项】面板中对其进行编辑，如图 7-68 所示。

图 7-68

案例一：制作花纹图案填充的方法

本案例主要讲解通过将一组对象拖入色板形成【色板库】，再将其调入【图案选项】调板进行相应的设置来创建图案效果，完成的效果如图 7-69 所示。（素材文件存放位置：案例素材/第七章/案例一：制作花纹图案填充的方法 .ai）

图 7-69

具体操作步骤如下：

1. 打开案例素材文件【案例一：制作花纹图案填充的方法 .ai】，使用工具箱中的【选择工具】框选对象，再使用【矩形工具】，点击鼠标左键并按住【Shift】键沿对象左上角边缘向右下角拖出一个正方形，大小为【4in】，无填充和描边。按下【Ctrl+5】键将绘制好的正方形转换为【参考线】作为定界框，执行【窗口—属性】命令，设定为显示对象中心点，如图 7-70 所示。

2. 执行【视图—智能参考线】命令，打开【智能参考线】，如图 7-71 所示。

图 7-70

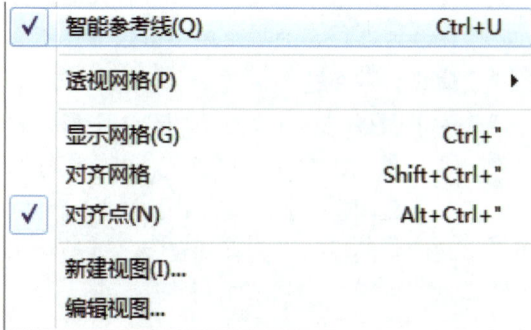

图 7-71

3. 使用工具箱中的【选择工具】选择左上角图案，再使用工具箱中的【镜像工具】，在定界框的中心点上按住【Alt】键，单击鼠标左键，如图 7-72 所示。

4. 弹出【镜像】面板，选择【垂直】复选按钮，然后单击【复制】，勾选【预览】复选框，点击【确定】按钮，创建出一个镜像的对象，如图 7-73 所示。

图 7-72

图 7-73

5. 使用【选择工具】选中上面的两个图案，单击工具箱中的【镜像工具】在定界框的中心点上按住【Alt】键，单击鼠标左键，在弹出的【镜像】面板中选择【水平】复选按钮，点击【预览】复选框和【复制】按钮，创建出下面两个图案，如图 7-74 所示。

图 7-74

6. 将创建好的对象全部选中，单击鼠标左键将其拖入【色板】调板中，创建一个新的色板，如图 7-75 所示。

图 7-75

7. 执行【窗口—图案选项】命令，弹出的【图案选项】调板，在创建好的新色板上双击鼠标左键，即可在【图案选项】调板中载入此色板，设置【图案选项】调板中相关的选项，单击【预览】复选框，如图 7-76 所示。

图 7-76

8. 保持图案对象为选中状态，执行【对象—扩展】命令，在弹出的【扩展】对话框中选择【填充与描边】复选框，单击【确定】按钮，如图 7-77 所示。

9. 在图案对象上单击鼠标右键，在弹出的快捷菜单中选择【释放剪切蒙版】命令，图案对象即可转换成可编辑对象，如图 7-78 所示。

图 7-77

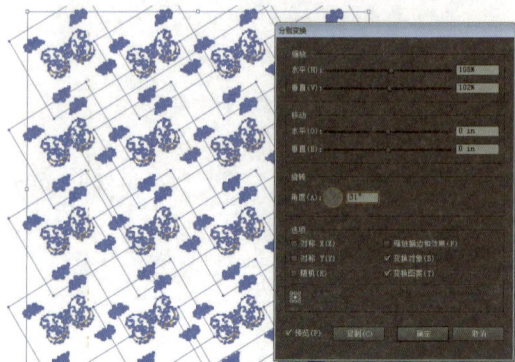

图 7-79

图 7-78

图 7-80

10. 执行【对象—变换—分别变换】命令，勾选【预览】复选框，在【分别变换】面板中对缩放、角度、位置等相关选项进行设置，如图 7-79 所示。

11. 单击【确定】按钮，删除定界框，可以为图案重新填充颜色，如图 7-80 所示。

案例二：制作无缝画笔图案

本案例主要讲解通过运用绘制的对象创建画笔效果，形成画笔图案，并在路径中载入画笔图案，完成的效果如图 7-81 所示。（素材文件存放位置：案例素材 / 第七章 / 案例二：制作无缝画笔图案 .ai）

图 7-81

具体的操作步骤如下：

1. 打开素材文件【案例二：制作无缝画笔图案 .ai】，页面中为图案的分段设置了五种链接类型，包括图案的直接链接、外角链接、内角链接、起点链接及终点链接，如图 7-82 所示。

图 7-82

2. 把以上五种链接组合成直线图案或转角图案，如图 7-83 所示。

3. 执行【窗口—画笔】命令，打开【画笔】调板，选择直接链接对象，点击鼠标左键将其拖入【画笔】调板中，在弹出的【新建画笔】面板中选择【图案画笔】复选按钮，如图 7-84 所示。

4. 单击【确定】按钮后，在弹出的【图案画笔选项】对话框中会显示图案画笔的直线段，如图 7-85 所示。

图 7-83

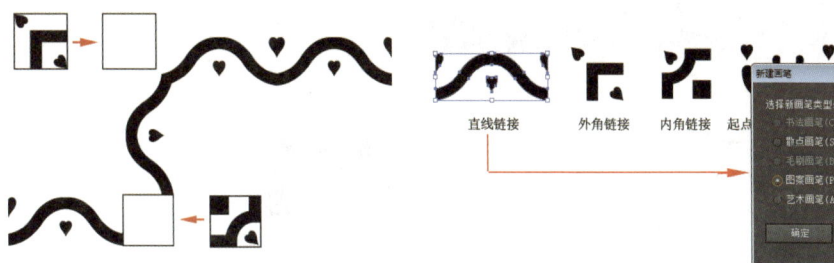

图 7-84

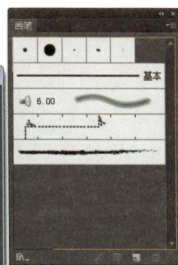

图 7-85

5. 将其他四个链接分别拖入到【画笔】调板中，拖入的时候注意按下【Alt】键（复制拖入），否则系统会默认新建画笔，如图 7-86 所示。

6. 分别在页面中绘制正圆形、正方形、圆角方形、五角形路径，无填充，将【画笔】调板中的新建画笔分别拖入到这些路径上即可创建出无缝画笔图案，如图 7-87 所示。

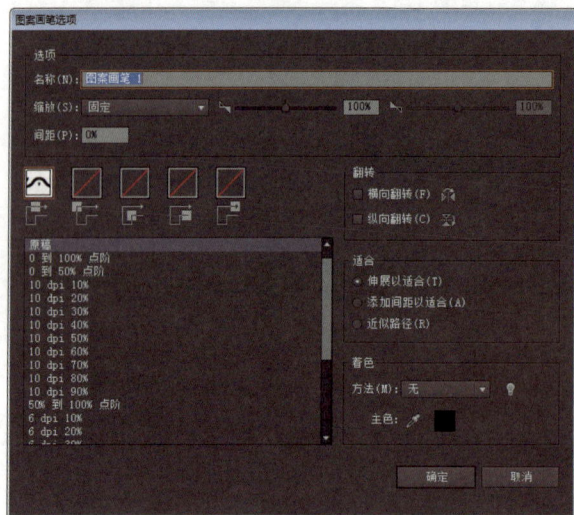

图 7-86

图 7-87

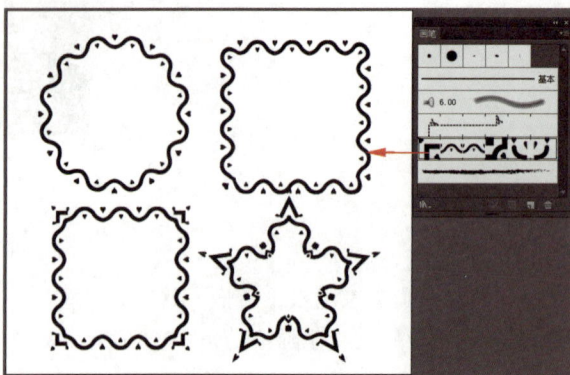

图 7-88

第八章
图表设计

本章导读

图表是平面设计、版式设计中较为常见的设计类型，Illustrator 为图表设计提供了多种类型的创建工具，包括【堆积柱形图工具】、【条形图工具】、【堆积条形图工具】、【折线图工具】、【面积图工具】、【散点图工具】、【饼图工具】、【雷达图工具】。通过使用这些工具并结合数据就可以创建出各种类型的图表。

精彩看点

● 数据与图表
● 【图表工具】的使用
● 创建图表
● 自定义图表

第一节 图表的概念

在图表设计中，结合数据能创建出图形结构形式的图表，在视觉上具有直观性和提示性。使用 Illustrator 创建出的图表就是数据与图形的结合。

一、数据与图表

使用工具箱中的【图表工具】组，在页面中单击鼠标左键，即可弹出【数据工作表】对话框以及相关图表的样式，也可以执行【对象—图表—数据】命令，即可显示出图表数据窗口，如图 8-1 所示。

在数据图表对话框中可以使用图表标签，标签是说明下面的文字或数字，而柱形、堆积柱形、条形、堆积条形、折线、面积和雷达图可以在数据工作表中输入标签。如果要为图表生成图例，则需删除左上单元格中的内容并保证此单元格为空白，如图 8-2 所示。

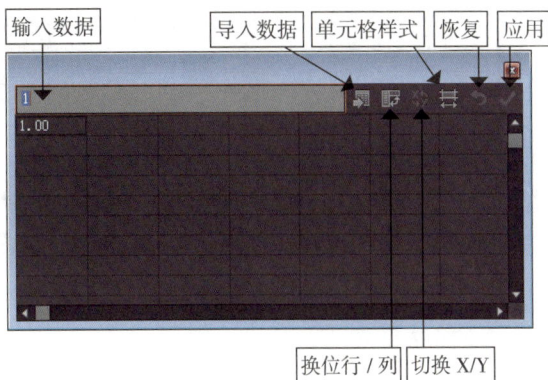

图 8-1

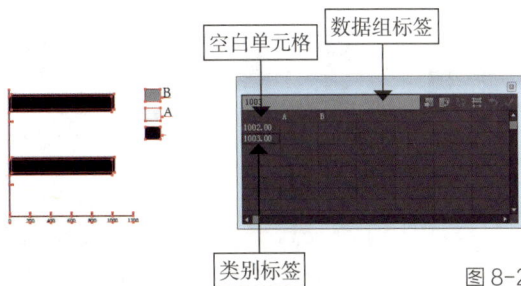

图 8-2

二、创建图表

使用【图表工具】可以轻松快捷地创建图表。单击工具箱中的【柱形工具】，在页面中按下鼠标左键拖动出一个矩形后释放鼠标，在弹出的【数据工作表】对话框中输入图表数据，如图 8-3 所示。

使用工具箱中的【直接选择工具】，在创建的图表上按住【Shift】键同时选中浅灰色的数值轴及图例，单击调板中的红色，即可将浅灰色数值轴和图例填充为红色，然后使用同样的方法对灰色及黑色数值轴及图例做相应的颜色填充，如图 8-4 所示。

三、列宽和小数精度

创建图标时默认的小数精度值为 2 位小数，调整列宽在列中可查看更多的数字，如在单元格中输入数字 4，则数据工作表行或者列上显示为 4.00；输入的数值为 2.6784，则显示为 2.68。

单击数据工作表中的【单元格样式】按钮，弹出【单元格样式】对话框，可以对小数位数及列宽度进行相应的设置，如图 8-5 所示。

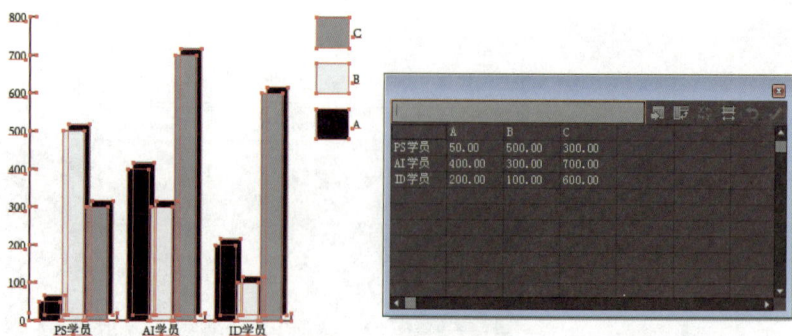

图 8-3

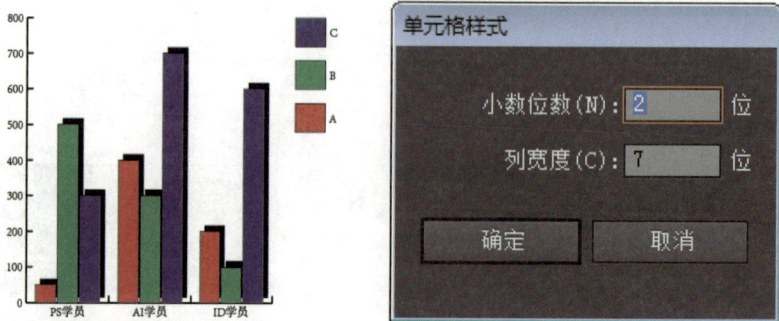

图 8-4

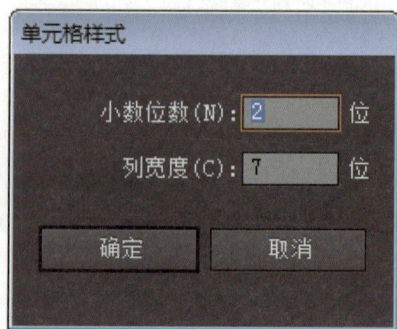

图 8-5

第二节 使用【图表工具】创建图表

Illustrator 提供了 9 种不同类型的图表创建工具，根据图表的不同用途能满足日常图表的设计工作，如图 8-6 所示。

图 8-6

一、堆积柱形图工具

【堆积柱形图工具】用于表示部分和总体关系的图表。单击工具箱中的【堆积柱形图工具】，在页面中按住鼠标左键拖出一个矩形，在弹出的【数据工作表】对话框中输入相应的数据，单击【应用】按钮，即可创建出堆积柱形图。拖动鼠标的同时按住【Shift】键，则可以创建出正方形图表，如图 8-7 所示。

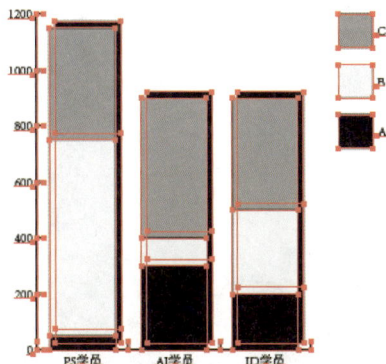

图 8-7

二、条形图工具

【条形图工具】可以创建横向比较关系的图表。单击工具箱中的【条形图工具】，在页面中按住鼠标左键拖出一个矩形，在弹出的【数据工作表】对话框中输入相应的数据，单击【应用】按钮，即可创建出条形图表，如图 8-8 所示。

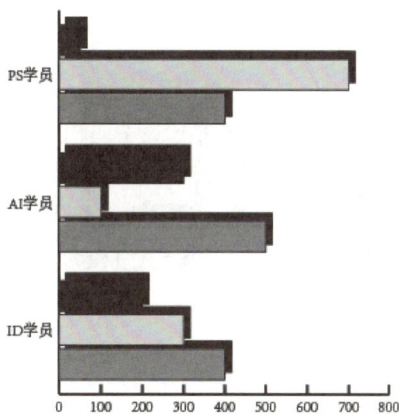

图 8-8

三、堆积条形图工具

【堆积条形图工具】可以在创建横向比较图表的同时表示部分和总和的关系。单击工具箱中的【堆积条形图工具】，在页面中按住鼠标左键拖出一个矩形，在弹出的【数据工作表】对话框中输入相应的数据，单击【应用】按钮，即可创建出堆积条形图，如图 8-9 所示。

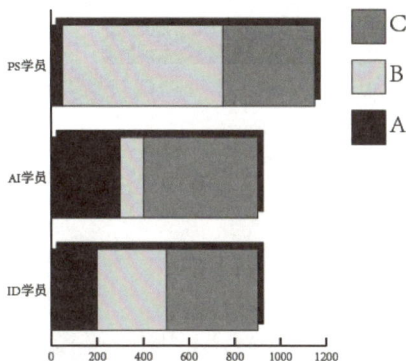

图 8-9

129

四、折线图工具

【折线图工具】可以创建线状落差及趋势关系的图表。单击工具箱中的【折线图工具】，在页面中按住鼠标左键拖出一个矩形，在弹出的【数据工作表】对话框中输入相应的数据，单击【应用】按钮，即可创建出折线图，如图8-10所示。

五、面积图工具

【面积图工具】可以创建面积比较的比例关系的图表。单击工具箱中的【面积图工具】，在页面中按住鼠标左键拖出一个矩形，在弹出的【数据工作表】对话框中输入相应的数据，单击【应用】按钮，即可创建出面积图，如图8-11所示。

六、散点图工具

使用【散点图工具】图表沿 X 轴和 Y 轴将数据点作为成对的坐标组进行创建。散点图不仅可以识别数据中的图形或趋势，还可以表示变量是否相互影响。单击工具箱中的【散点图工具】，在页面中按住鼠标左键拖出一个矩形，在弹出的【数据工作表】对话框中输入相应的数据，单击【应用】按钮，即可创建出散点图，如图8-12所示。

七、饼图工具

【饼图工具】可以创建圆形图表，通过面积进行比较。单击工具箱中的【饼图工具】，在页面中按住鼠标左键拖出一个矩形，在弹出的【数据工作表】对话框中输入相应的数据，单击【应用】按钮，即可创建饼图，如图8-13所示。

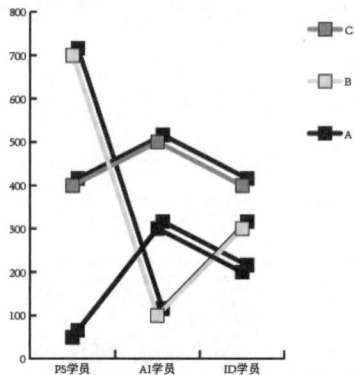

图 8-10

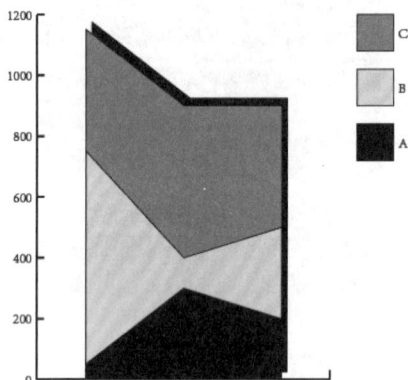

图 8-11

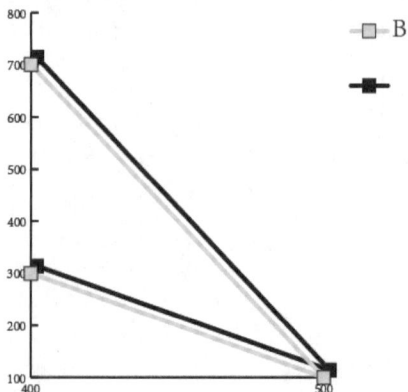

图 8-12

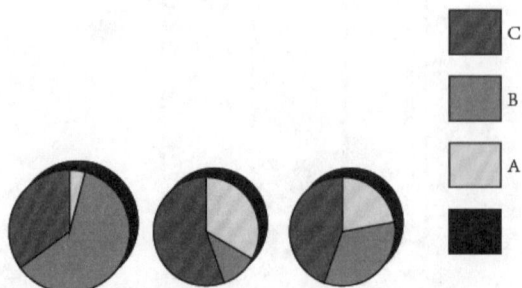

图 8-13

八、雷达图工具

【雷达图工具】可以创建出在某一时间点或特定类别上比较的数值组。单击工具箱中的【雷达图工具】，在页面中按住鼠标左键拖出一个矩形，在弹出的【数据工作表】对话框中输入相应的数据，单击【应用】按钮即可创建出雷达图，如图 8-14 所示。

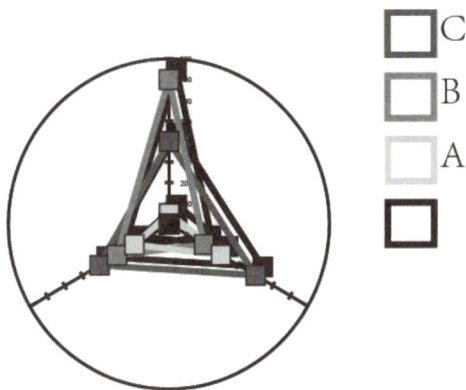

图 8-14

第三节 图表的设置

上一节讲的是用【图表工具】创建图表，本节主要讲解对不同的图表格式进行设置，包括改变图表轴的外观和位置、添加投影、移动图例、组合显示不同的图表类型、添加标记等。

一、设置坐标轴

我们可以对除饼图之外的能进行测量单位的数据轴的图表进行设置，可以选择在图表的一侧或者两端显示数值轴。在图表中定义数据类别的类别轴，这样可以控制每个轴上显示多少个刻度线，或改变刻度线的长度，并将前缀和后缀添加到轴上的数字。

使用【选择工具】选择图表，执行【对象—图表—类型】命令或双击工具箱中的【图表工具】，即可打开【图表类型】对话框，可以在该对话框中更改数据轴的位置，添加投影，及在图表顶部添加图例、列宽、簇宽度等，如图 8-15 所示。

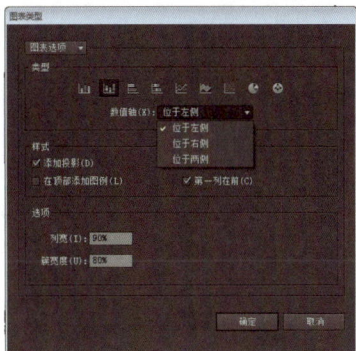

图 8-15

单击【图表类型】对话框中的【图表选项】按钮，在弹出的选项中选择【数据轴】，弹出【数据轴】对话框，在该对话框中设置刻度线和标签的数量、长度、标签的前缀和后缀等，如图 8-16 所示。

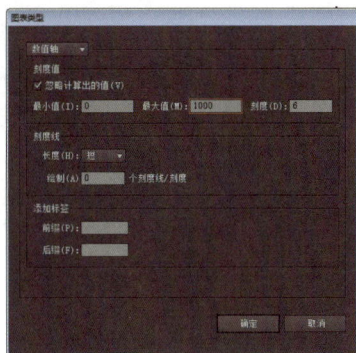

图 8-16

二、选择图表类型

使用【直接选择工具】选择图表，执行【对象—图表—类型】命令或双击工具箱中的【图表工具】，打开【图表类型】对话框，在该对话框中单击所需图表类型所对应的按钮，单击【确定】按钮，如图 8-17 所示。

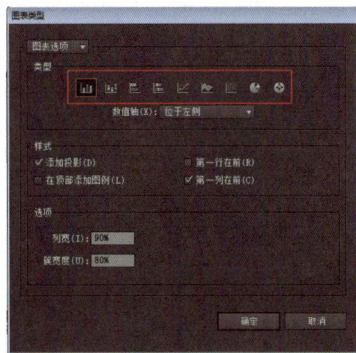

图 8-17

131

第四节 自定义图表

对创建好的图表可以进行自定义设置，如更改底纹的颜色、字体和文字样式。可以对图表进行移动，对称、旋转或缩放图表的任何部分或者所有部分，自定图表的列和标记，还可以将渐变、透明、混合、画笔描边、图形样式等选项 / 功能应用于图表。

一、改变图表的显示类型

改变创建好的图表的类型，选中原图表，双击工具箱中的【图表工具】，在弹出的【图表类型】对话框中直接单击所需要更改的图表类型按钮，即可改变图表的类型，如图 8-18 所示。

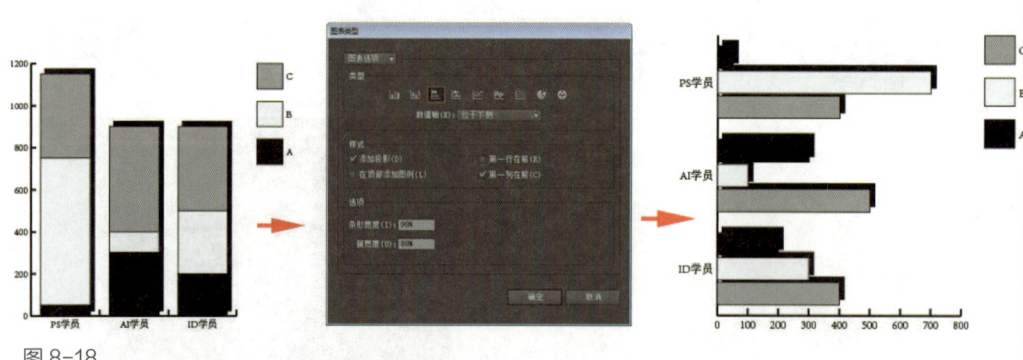

图 8-18

如果需要改变图表显示的部分效果（除散点图表外），如让一组柱状图的部分图例更改成折线图，则需选择绘制好的柱状图，单击工具箱中的【编组选择工具】，然后点击需要更改的图表类型的数据及图例。执行【对象—图表—类型】命令或双击工具箱中的【图表工具】，在弹出的【图表类型】对话框中点击【折线】按钮，即可将柱状图的部分图例修改成折线图。

二、定义图表图案与图表的图案表现

使用其他对象设计图表中的图例，在【符号】调板中选择一个符号，并将该符号拖入页面中，单击鼠标右键，在弹出的快捷菜单中选择【断开符号链接】，即可将符号转换成图形对象，如图 8-19 所示。

使用工具箱中的【矩形工具】，沿图形的边缘绘制矩形框，填充和描边为无，绘制出图表设计的边界。再使用工具箱中的【钢笔工具】绘制一条水平直线，来定义图例伸展或压缩设计的位置。全选该对象，执行【对象—编组】命令，将对象编组，如图 8-20 所示。

使用工具箱中的【直接选择工具】选择这条水平直线，执行【视图—参考线—建立参考线】命令，将水平直线转换成参考线，并按下【Alt+Ctrl+】键锁定该参考线，如图 8-21 所示。

图 8-19

图 8-20

图 8-21

使用工具箱中的【选择工具】选择整个对象，执行【对象—图表—设计】命令，在弹出的【图标设计】对话框中单击【新建设计】按钮，如图 8-22 所示。

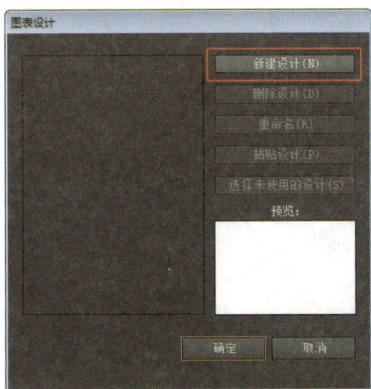

图 8-22

所选择的对象将会显示在预览框中，单击【重命名】按钮，在弹出的对话框中输入"花草"，点击【确定】按钮即可为图表的图例定义新的图形，如图 8-23 所示。

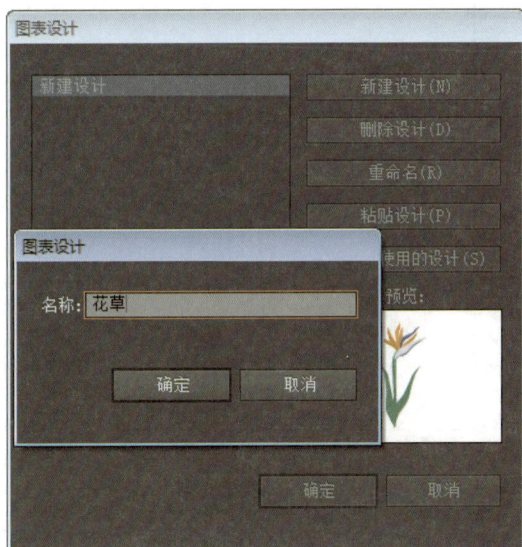

图 8-23

现在就可以将定义的【新设计—花草】图形应用在图表中，使用【柱状图工具】输入相应的数值后绘制一个图表，选中该图表，执行【对象—图表—柱状图】命令，在弹出的【图表列】对话框中的选区列设计栏中单击【花草】选项，在列类型下拉菜单中选择【垂直缩放】命令，如图 8-24 所示。

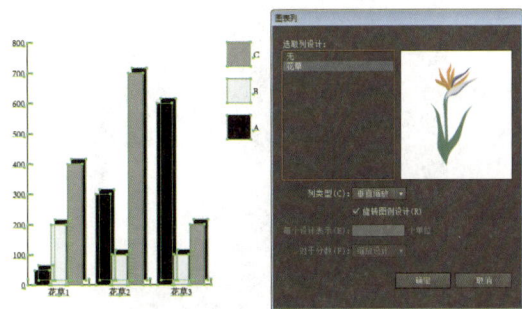

图 8-24

133

单击【确定】按钮后，原柱状效果即被新图形对象替代，如图8-25所示。

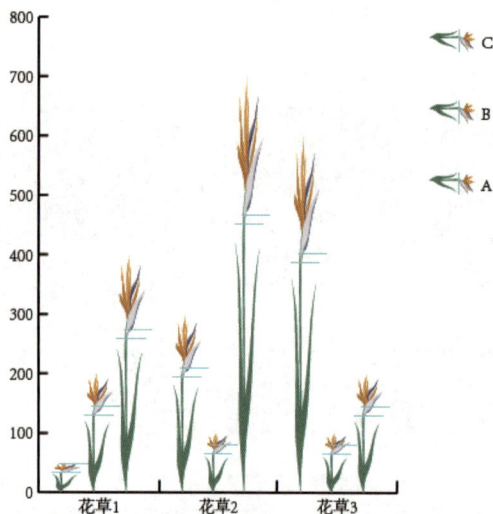

图8-25

三、设计标记

设计图表的标记不能包含图表对象。从【符号】调板中拖出一个符号，选中该符号单击鼠标右键，在弹出的快捷菜单中选择【断开符号链接】命令，执行【对象—图表—设计】命令，在弹出的【图标设计】对话框中单击【新建设计】按钮，显示出该对象的预览图，如图8-26所示。

单击【确认】按钮后，使用【折线图绘制工具】绘制一个图表。再使用工具箱中的【编组选择工具】，选择图表中需要被取代的标记和图例，执行【对象—图表—标记】命令，在弹出的【图表标记】对话框中的选取标记设计栏中单击【新建设计】选项，如图8-27所示。

单击【确定】按钮后，折线图图表中的图例和标记就都被新建的对象所替代，如图8-28所示。

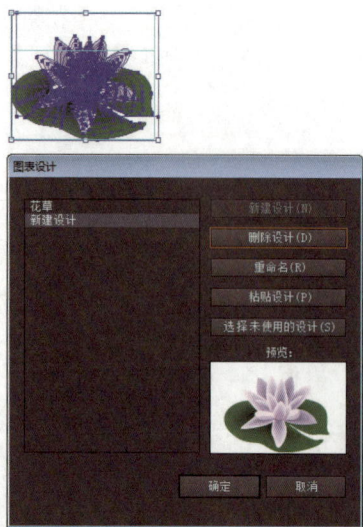

图8-27

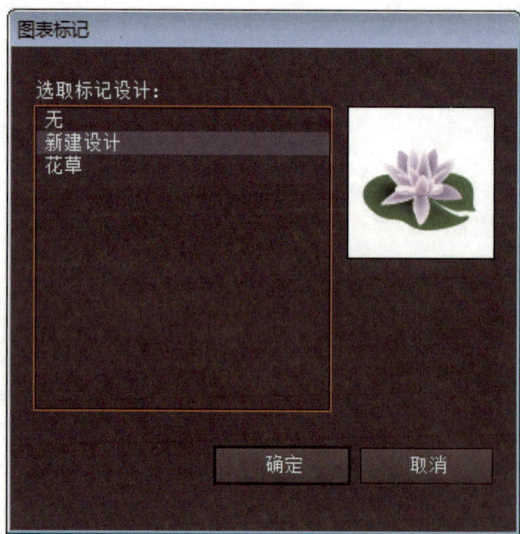

图8-26

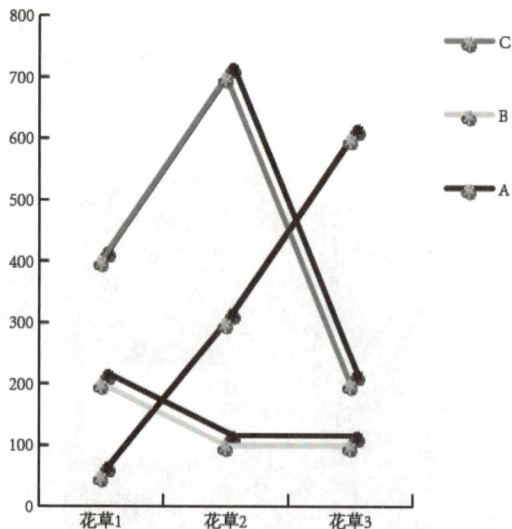

图8-28

案例：创建立方体图表

本案例主要讲解通过数据创建柱状图表，并利用【图表设计及柱状图】命令，来实现新建立体方形柱状替换平面图表的制作，效果如图 8-29 所示。（素材文件存放位置：案例素材 / 第八章 / 案例：创建立方体图表 .ai）

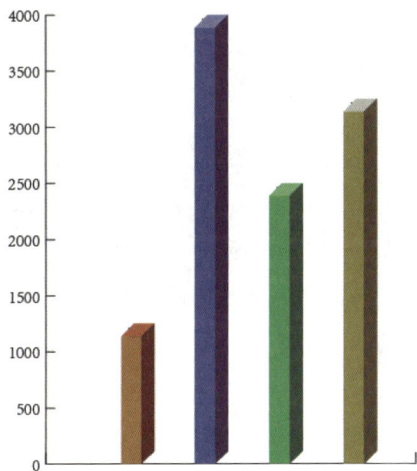

图 8-29

具体的操作步骤如下：

1. 单击工具箱中的【柱状图工具】，在新建页面中绘制一个矩形框，弹出【数据工作表】对话框，在该对话框中输入数据，点击【应用】按钮，如图 8-30 所示。

图 8-30

2. 使用工具箱中的【直接选择工具】，选中其中一个矩形按下【Ctrl+C】键，再按下【Ctrl+V】键，复制出一个相同的矩形，如图 8-31 所示。

3. 在【颜色】调板中为矩形设置填充色，无描边，如图 8-32 所示。

图 8-31　　　　　　　　　　图 8-32

4. 按下【Ctrl+C】键和【Ctrl+F】键对矩形进行原位置复制，双击工具箱中的【比例缩放工具】，选择【不等比】复选按钮，在垂直栏中输入 70%，点击【确定】按钮，如图 8-33 所示。

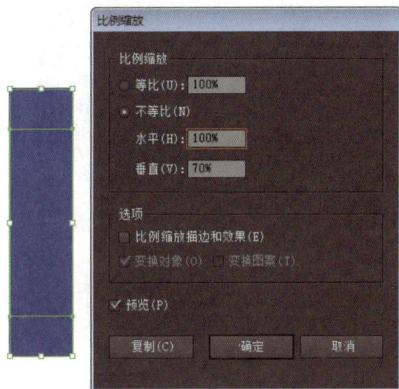

图 8-33

5. 单击工具箱中的【直接选择工具】，按住【Shift】键，选中最上端两个锚点，向右边拖拽出平行四边形，如图 8-34 所示。

6. 选中平行四边形，按住【Alt】键，点击鼠标左键，向右移动并复制，为对象设置相应的颜色，如图 8-35 所示。

图 8-34　　　　　　　　　　图 8-35

7. 使用【直接选择工具】选中最右边的两个锚点，点击鼠标左键向下拖拽，直至与最下端的两个锚点重合，如图 8-36 所示。

8. 使用工具箱中的【钢笔工具】，绘制出一条用于立方体放大、缩小的基准线，使用【选择工具】选中此立方体的所有面和基准线，按【Ctrl+G】键群组，再用工具箱中的【直接选择工具】选取基准线，按下【Ctrl+5】键使基准线转换成参考线，如图 8-37 所示。

10. 执行【对象—图表—柱状图】命令，弹出【图表列】对话框，点击【列类型】选项右边的三角形按钮，选择【局部缩放】命令，如图 8-39 所示。

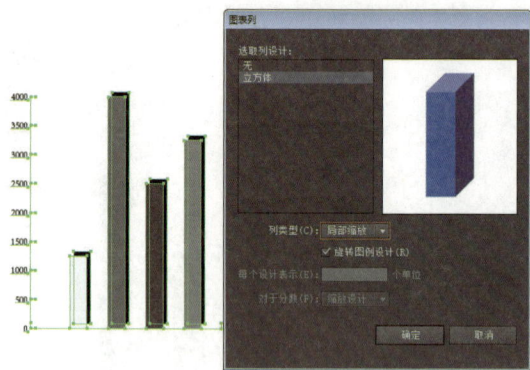

图 8-39

 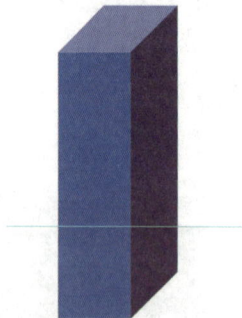

图 8-36   图 8-37

9. 执行【对象—图表—设计】命令，在弹出的【图标设计】对话框中单击【新建设计】按钮，在弹出的【图标设计】面板中键入名称【立方体】。点击【确定】按钮，如图 8-38 所示。

11. 单击【确定】按钮，原柱状图就替换成步骤 10 中完成的立方体，最后点击属性栏中的【重新着色图稿】按钮，在弹出的对话框中设置所有立方体的颜色，如图 8-40 所示。

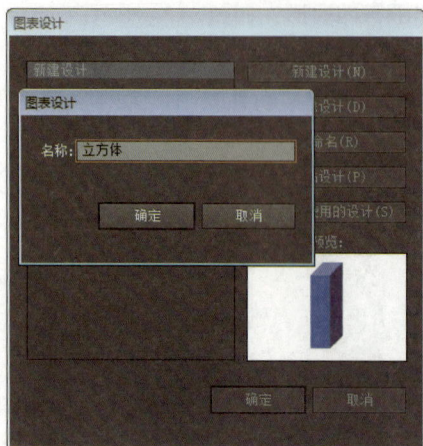

图 8-38

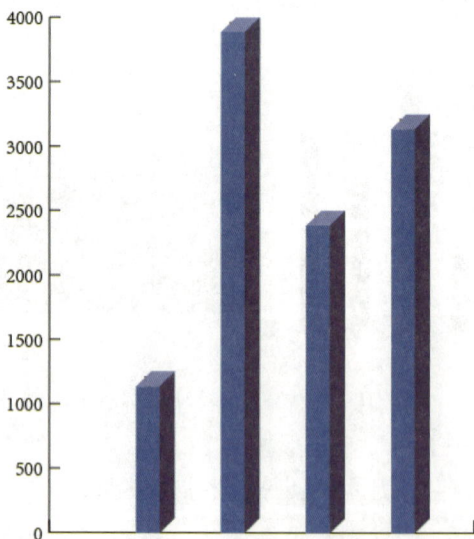

图 8-40

第九章
图层、透明度和蒙版

本章导读

Illustrator 的透明度可以实现颜色之间的透明效果，结合混合模式使用，使图形堆叠或者图层的前后对象都可以混合产生出不同的色彩效果，同时也可以通过蒙版的遮挡来丰富图形设计的层次效果。

精彩看点

- ●图层
- ●不透明度
- ●混合模式
- ●不透明度蒙版

第一节 图层

在 Illustrator 中新建文档时，在【图层】调板中就会产生一个默认的图层，每创建一个对象都会在该图层中列出路径、编组等内容。使用时还可以在【图层】调板中创建新的图层，以便于编辑对象的分类和管理，如图层的互换位置、显示和隐藏图层、锁定图层等。

一、图层的使用与编辑

执行【窗口—图层】命令，即可打开【图层】调板，如图 9-1 所示。

在【图层】调板中单击某一图层即可选择该图层。选择多个连续的图层先选中最上面的一个图层，然后按住【Shift】键单击最下面一个图层即可，如图 9-2 所示。

如果需要选中不连续的图层，按住【Ctrl】键，并单击其他图层即可，如图 9-3 所示。

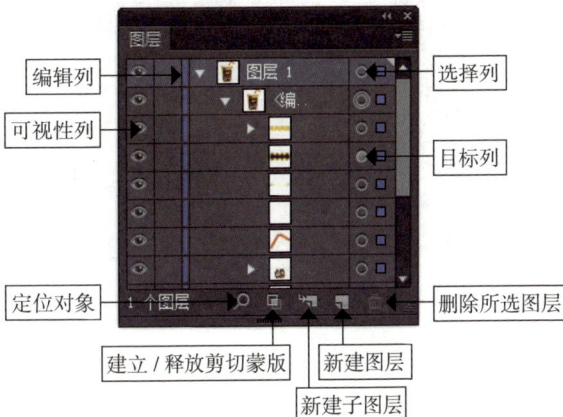

编辑列　选择列
可视性列　目标列
定位对象　删除所选图层
建立 / 释放剪切蒙版
新建图层
新建子图层

图 9-1

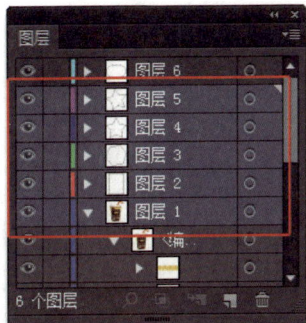

图 9-2

137

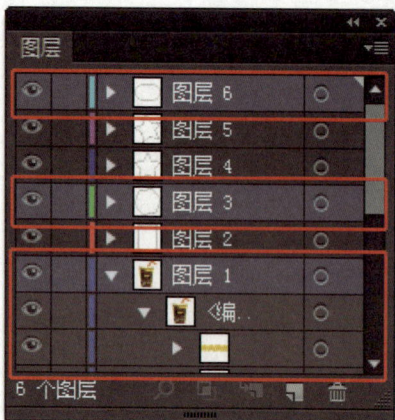

图 9-3

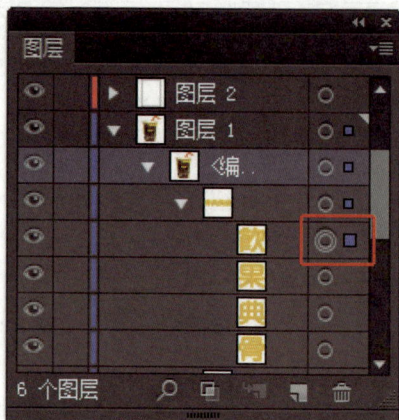

图 9-5

选择图层中的对象，除了可以使用【选择工具】进行选择外，也可以展开一个图层，点击需要选取的某一对象即可，如图 9-4 所示。

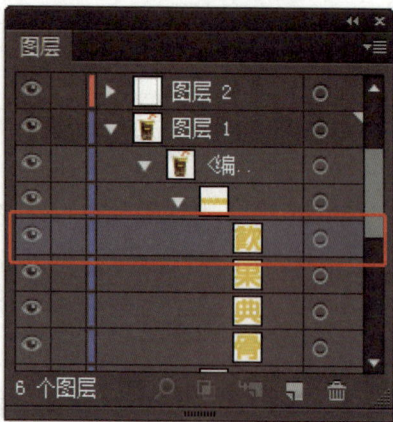

图 9-4

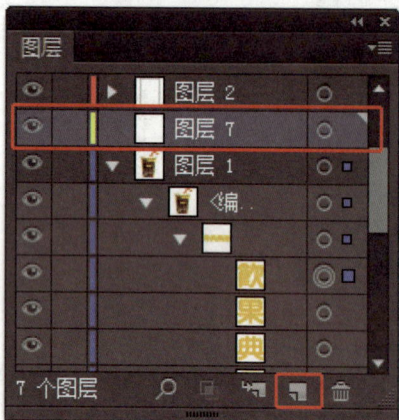

图 9-6

如果需要选中一个图层中的部分对象，在【图层】调板中选择该图层并展开后，单击右侧的圆圈——【标记】按钮，即可选中图层中的对象，如图 9-5 所示。

在【图层】调板上单击【新建图层】按钮，即可创建新图层，或者点击【图层】调板右上角的三角形按钮，在弹出的菜单中选择【新建图层】按钮或者【新建子图层】按钮即可，同时在弹出的图层选项中可以对新图层的参数进行设置，如图 9-6、图 9-7 所示。

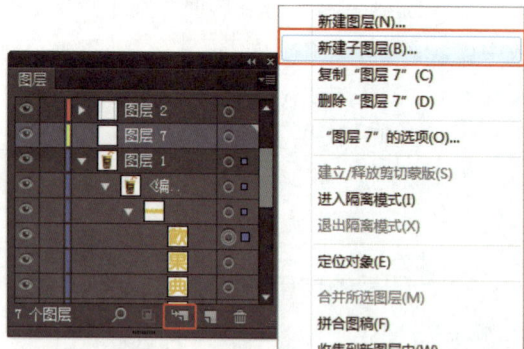

图 9-7

复制图层时，选择该图层，按住鼠标左键将该图层向【图层】调板上的新建图层按钮上拖放即可复制该图层，如图 9-8 所示。

删除图层时只需要将已有图层拖到【图层】调板底部的删除按钮上即可删除该图层，如图 9-9 所示。

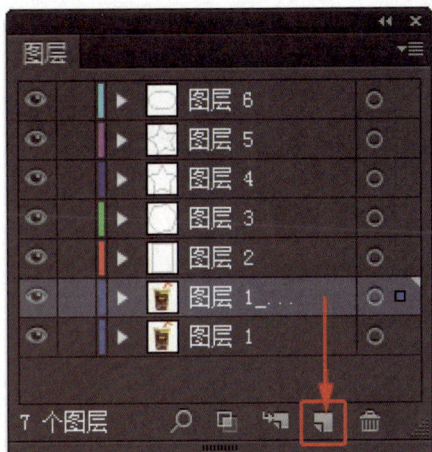

图 9-8

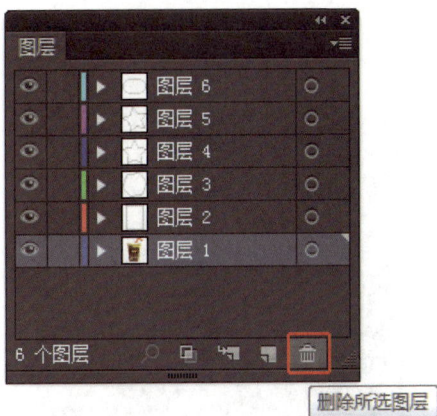

删除所选图层

图 9-9

调整图层的顺序时，只需将该图层选中，然后将其拖动到其他图层的位置上，出现黑色插入标记时释放鼠标，即可调整图层顺序，如图 9-10 所示。

二、显示与隐藏图层

在【图层】调板中，如果点击图层或子图层左边的【可视性】按钮，即可隐藏该图层。再次点击同一个【可视性】按钮，就会重新显示该图层的所有内容。

如果需要隐藏某一图层以外的其他图层，选中该图层，执行【对象—隐藏—其他图层】命令，或者按住【Alt】键单击其他图层的【可视性】按钮即可。显示所有图层和子图层，可以单击【图层】调板右上角的三角形按钮，在弹出的菜单中选择【显示所有图层】命令（此命令不会显示被隐藏的对象，只能显示被隐藏的图层），如图 9-11 所示。

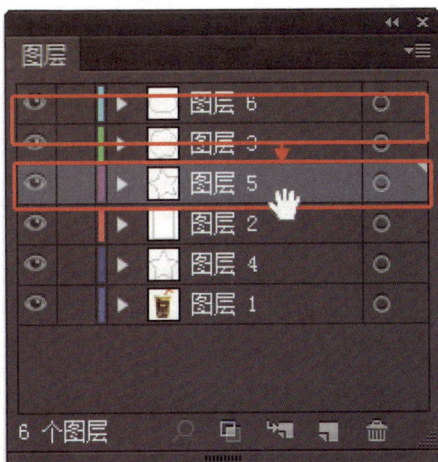

图 9-10

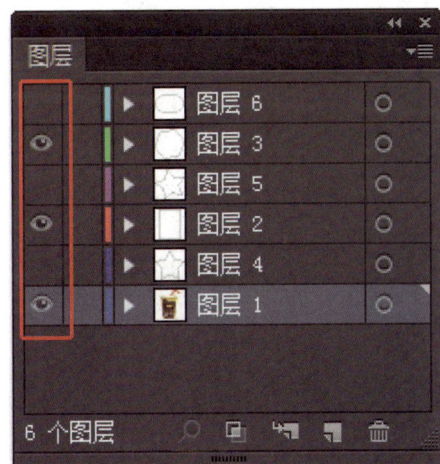

图 9-11

第二节 透明度和混合模式

一、不透明度

执行【窗口—透明度】命令或按下【Ctrl+Shift+F10】键，打开【透明度】调板，使用【透明度】调板可以调整图形的透明度、混合模式，以及为对象添加蒙版，如图 9-12 所示。

打开文件【图 9-1 素材 .ai】，首先可以在【透明度】调板中编辑对象的不透明度，选中需要编辑的对象，将对象的不透明度设置为 100%，在【透明度】调板中可以以不透明度参数调整对象的不透明度，将此对象的不透明度调整为 50%，对象呈半透明效果，如图 9-13 所示。

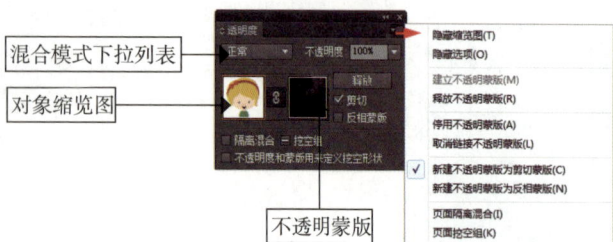

图 9-12

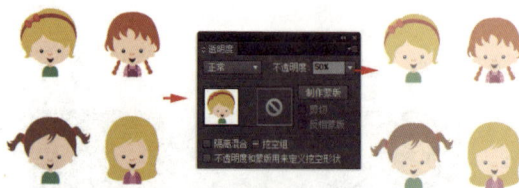

图 9-13

二、混合模式

【透明度】调板内可以运用【混合模式】选项使对象之间进行颜色混合，在改变对象颜色的同时产生一定的透明效果。【混合模式】包括变暗、正片叠底、颜色加深、变亮、滤色、颜色加深、叠加、柔光、强光、差值、排除、色相、饱和度、混色、明亮。通过使用这些模式可以制作出丰富的画面效果。

【混合模式】可用于单个对象、多个对象或者群组对象，选择需要调整的对象，然后按下【Ctrl+Shift+F10】键，在打开的【透明度】调板中选择混合模式下拉列表中的某种混合模式，此时所选对象以下的所有对象都会产生混合效果。可以通过使用隔离的形式，使混合对象下方的对象不受影响，在【图层】调板中选择一个组或图层右侧的定位图标，在【透明度】调板中选择【页面隔离混合】命令。

案例：五彩的花瓣

本案例主要讲解通过【混合模式】选择来改变对象的色彩效果，并利用不透明度的调整进一步表现出对象的层次感，效果如图 9-14 所示。（素材文件存放位置：案例素材 / 第九章 / 案例：五彩的花瓣素材 .ai）

图 9-14

具体操作步骤如下：

1.打开文件【案例：五彩的花瓣素材 .ai】，文档中的对象具有三层花瓣，并且每一层都进行了群组，使用【选择工具】选择这些花瓣，如图 9-15 所示。

2.使用工具箱中的【矩形工具】，按住【Shift】键绘制正方形，并将其填充为黑色，无描边。然后按住【Alt】键点击鼠标左键拖动并复制出一个正方形，在【渐变】调板中设置相应的渐变颜色后，单击工具箱中的【渐变工具】拉出右 45 度的线性渐变，如图 9-16 所示。

图 9-15

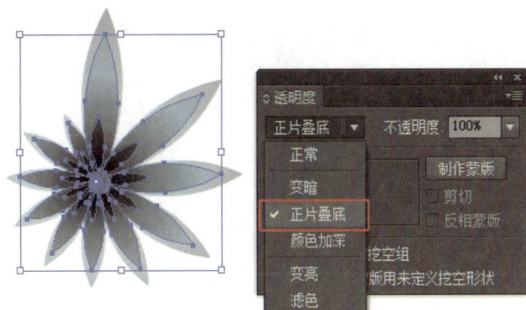

图 9-18

5. 选中第三层花瓣路径，单击【透明度】调板中的【混合模式】，在弹出的下拉列表中选择【颜色减淡】，如图 9-19 所示。

图 9-16

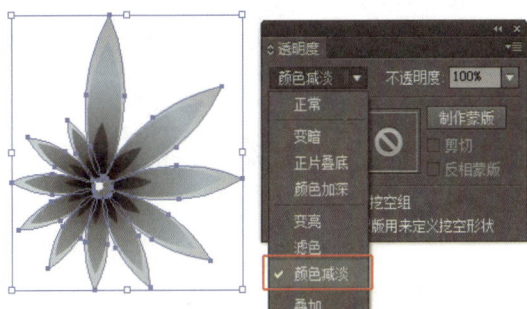

图 9-19

3. 选中渐变对象，单击鼠标左键拖动到黑色正方形的顶层，在【对齐】调板中点击【中对齐】。然后在【透明度】调板中将渐变对象的不透明度设置为 60%，如图 9-17 所示。

6. 点击花瓣对象并按住【Alt】键，拖动并复制出一个花瓣，把所有花瓣的混合模式设置为【正常】，使用【选择工具】选中花瓣，按【Ctrl+G】键群组。在【透明度】调板中将不透明度设置为 10，如图 9-20 所示。

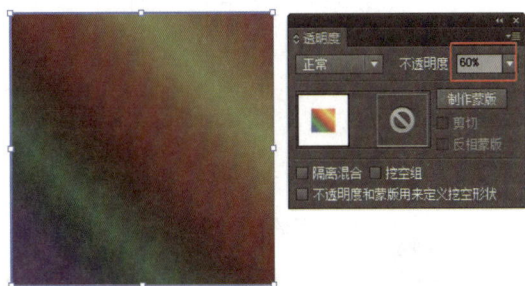

图 9-17

4. 使用【选择工具】，选择花瓣的内层及第二层花瓣路径，单击【透明度】调板中的【混合模式】选项，在弹出的下拉列表中选择【正片叠底】，如图 9-18 所示。

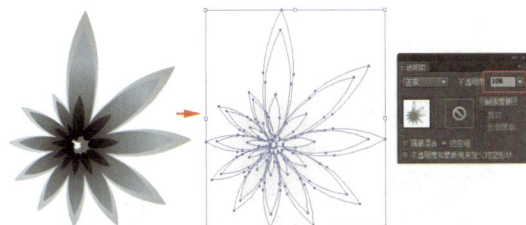

图 9-20

7. 选中花瓣副本，使用【选择工具】将其拖动到原花瓣的下方，保持错位的状态，如图 9-21 所示。

141

图 9-21

8. 将设置好的复合对象选中后，点击鼠标左键将其拖入到矩形渐变对象的顶层。单击属性栏中的【重新着色工具】，在弹出的对话框中为三层花瓣分别设置相应的色彩明度、纯度，如图 9-22 所示。

9. 将花瓣复制出另外两个副本，如图 9-23 所示。

图 9-22

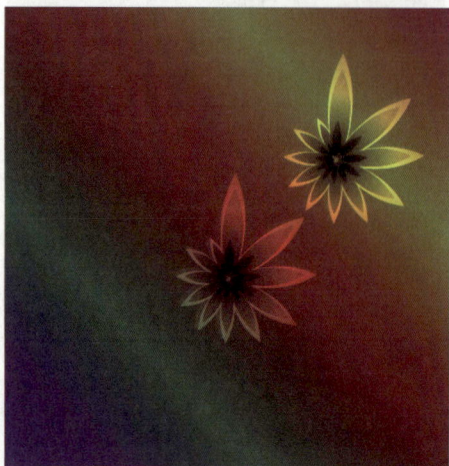

图 9-23

第三节 / 蒙版

Illustrator 中提供了【剪切蒙版】和【不透明蒙版】，第三章第一节中已经对【剪切蒙版】做了相应的讲解，这一节主要介绍不【透明蒙版】的使用。与【剪切蒙版】的区别在于：【不透明蒙版】除了可以创建类似剪切蒙版的遮罩效果外，还可以创建透明和渐变透明的遮罩效果，【不透明蒙版】适用于位图和矢量图的遮罩，如图 9-24 所示。（素材文件存放位置：章节素材 / 第九章 / 图 9-2 素材 .jpg）

图 9-24

一、创建不透明度蒙版

在 A4 页面中置入文件【图 9-2 素材 .jpg】，执行【窗口—透明度】命令或按下【Ctrl+Shift+F10】键，打开【透明度】调板，在不透明度缩览图上双击鼠标左键即可添加不透明蒙版。或者单击【透明度】调板右上角的三角形按钮，在弹出的菜单中选择【建立不透明蒙版】命令，如图 9-25 所示。

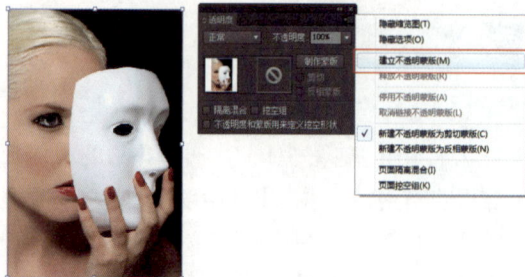

图 9-25

建立不透明蒙版，在默认情况下剪切选项是被勾选的，此时将不显示全部蒙版，对象也不可见，如图 9-26 所示。

取消勾选【剪切】复选框，不透明蒙版缩览图就显示为白色，即对象全部显示。然后单击【不透明蒙版缩览】图框，使用工具箱中的【椭圆形工具】在图像上绘制一个椭圆形作为蒙版区域，如图 9-27 所示。

为创建的椭圆形蒙版设置【白色—黑色】径向渐变，该对象即可被局部遮挡，如图 9-28 所示。

在【透明度】调板中单击【剪切】复选框，对象的四周被剪切，剪切蒙版的渐变剪切效果如图 9-29 所示。

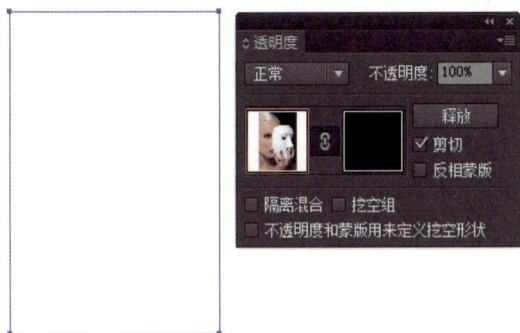

图 9-28

图 9-29

二、链接或取消链接不透明度蒙版

如果需要重新编辑对象或单独对蒙版进行编辑，则需要取消对象与蒙版之间的链接，在【透明度】调板中单击【链接符号】，或点击【透明度】调板右上角的三角形按钮，在弹出的菜单中选择【取消链接不透明蒙版】命令即可断开链接，如图 9-30 所示。

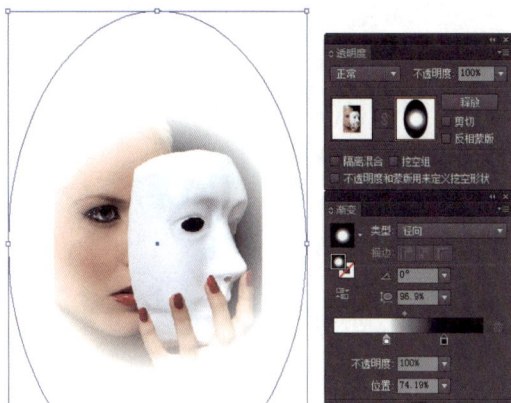

图 9-26

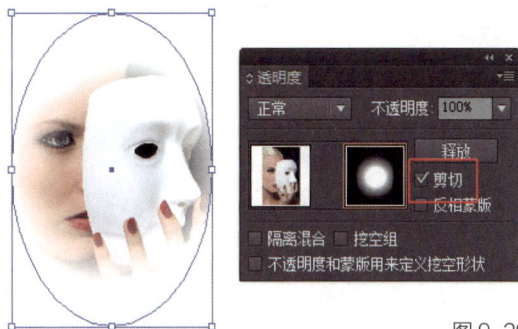

图 9-27

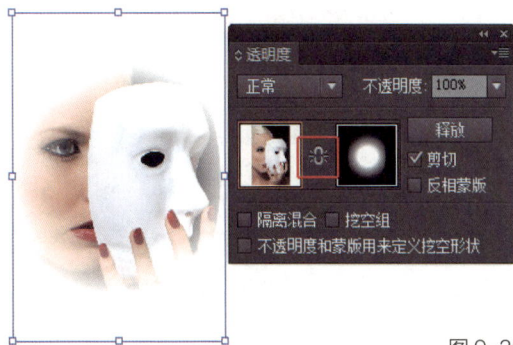

图 9-30

143

三、停用与删除不透明度蒙版

如果需要暂时停用蒙版效果，可以单击【透明度】调板右上角的三角形按钮，在弹出的菜单中选择【停用不透明蒙版】命令，如图9-31所示。

如果要永久删除蒙版，可以单击【释放】按钮，或打开【透明度】调板右上角的三角形按钮，在弹出的菜单中选择【释放不透明蒙版】命令，如图9-32所示。

图9-31

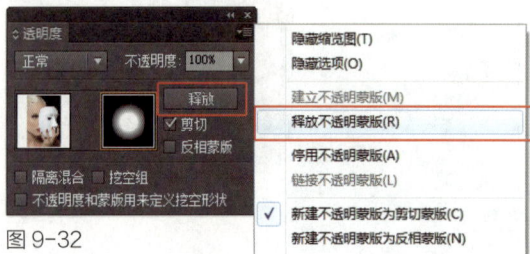

图9-32

案例：制作倒影

本案例主要讲解通过设计【不透明蒙版】来制作对象倒影的效果，并利用矩形渐变来改变不透明蒙版的层次，最终效果如图9-33所示。（素材文件存放位置：案例素材/第九章/案例：制作倒影素材.ai）

图9-33

具体操作步骤如下：

1. 打开文件【案例：制作倒影素材.ai】，使用工具箱中的【选择工具】选中一组气球，如图9-34所示。

图9-34

2. 单击工具箱中的【镜像工具】，将镜像中心点移至气球组的正下方。在中心点上按住【Alt】键，光标发生变化后点击鼠标左键，弹出【镜像】对话框，单击【水平】复选框和【预览】复选框，点击【复制】按钮将气球镜像复制，如图9-35所示。

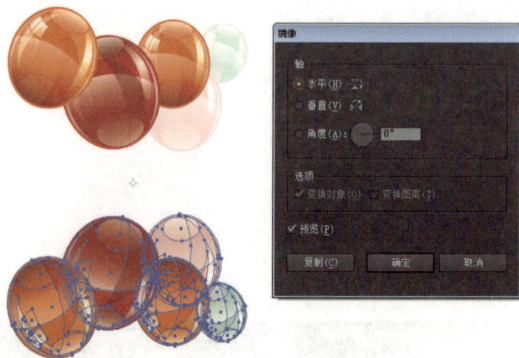

图9-35

3. 选中副本，执行【窗口—透明度】命令，在打开的【透明度】调板中单击【制作蒙版】选项，如图9-36所示。

4. 【透明度】调板中的【剪切】复选框会自动打开，副本对象显示为不可见，如图9-37所示。

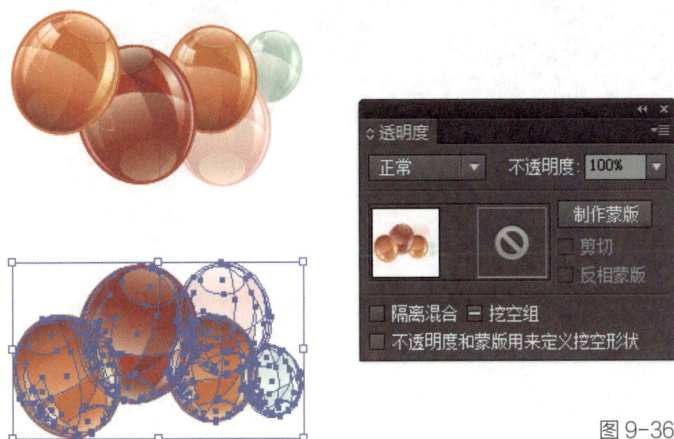

图 9-36

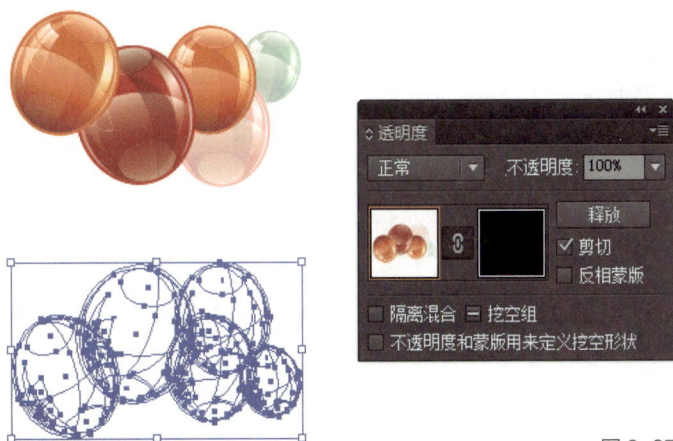

图 9-37

5. 使用工具箱中的【矩形工具】绘制一个无填充色的描边矩形框，使该矩形框完全覆盖副本对象，然后在【渐变】调板中设置【白色—黑色】的线性渐变。使用工具箱中的【渐变工具】，单击鼠标左键并垂直自上而下拉出渐变效果，如图 9-38 所示。

6. 单击【透明度】调板中的链接符号，或单击右上角的三角形按钮，在弹出的菜单中选择【取消链接不透明蒙版】命令断开链接，如图 9-39 所示。

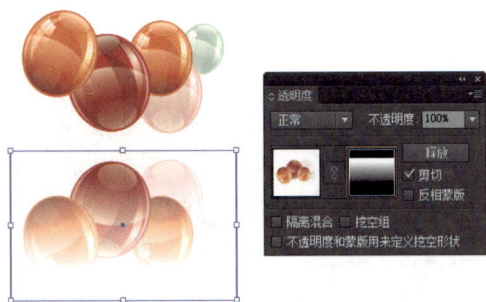

图 9-38

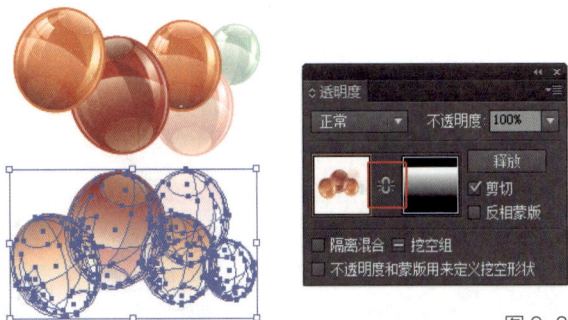

图 9-39

145

第十章
文件的输出与打印

本章导读

在制作或设计图稿完成后，除了保存成【.ai】格式的文件，大多数时候还需要进行文件的输出或打印，以便于在其他应用程序中打开或输出该文件。Illustrator 除了能无缝对接 Flash 矢量文件外，还能完成一些简单 Flash 动画的制作任务。

精彩看点

- 导出图片
- 输出为 PDF 文件
- 输出为 Flash 文件
- 打印
- 版式设计规范

第一节 【导出】图片

在 Illustrator 中制作的矢量文件如果需要对其进行打印或需要在其他应用程序中打开并显示，需执行【导出】命令，Illustrator 可导出如 JPG、PSD、BMP、TGA、PNG、TIF 等图像格式。

执行【文件—导出】命令，打开【导出】对话框，选择保存类型，在弹出的选项菜单中，选择所需要导出的文件格式，如 JPG 位图格式。单击【保存】按钮，会弹出该格式【JPG 选项】对话框，可以设置导出文件的颜色模式（RGB、CMYK、灰度）、分辨率（高 300 像素、中 150 像素、低 72 像素）等相关选项。点击【确定】按钮，即可保存文件，如图 10-1 所示。

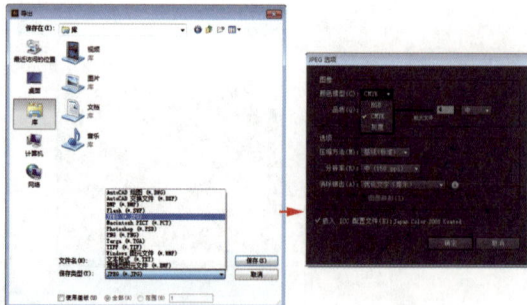

图 10-1

导出的文件将会以对象选择外框的尺寸作为位图文件的四周边界。如果需要按文档的画板大小导出，则需要勾选【导出】对话框底部的【使用画板】复选框，文档就会按照画板所设定的大小导出，同时【全部】复选框按钮也会被自动勾选，如图10-2所示。

如果文档中建立了多个画板，在单击【使用画板】后，点击【范围】复选框，输入需要导出画板的数量，如输入"1—8"或者"3—4"，文件就会按照设置的输出范围按画板先后顺序进行编号输出，如图10-3所示。

第二节 存储为 PDF 文件

在 Illustrator 中可以创建不同类型的 PDF 文件，包括创建多页 PDF、包含图层的 PDF 和 PDF/X 兼容文件。

Illustrator 中编辑好的当前文件都可以保存成 PDF 文件。通过执行【文件—存储为】或【文件—存储副本】命令，输入文件名后，选择存储的路径位置，选择 Adobe PDF【.pdf】文件格式，单击【保存】按钮，在弹出的【存储 Adobe PDF】对话框中进行相应的设置，常规情况下选择默认设置即可，如图10-4所示。

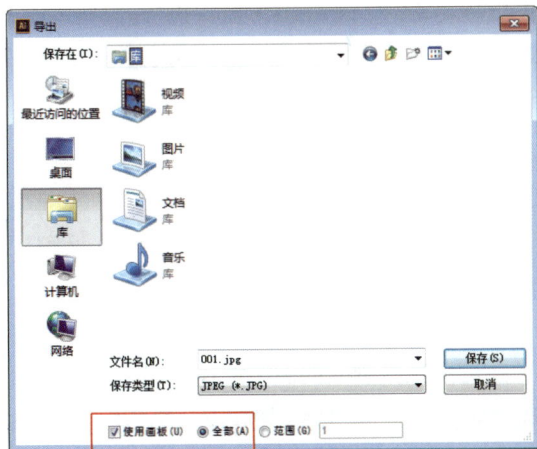

图10-4

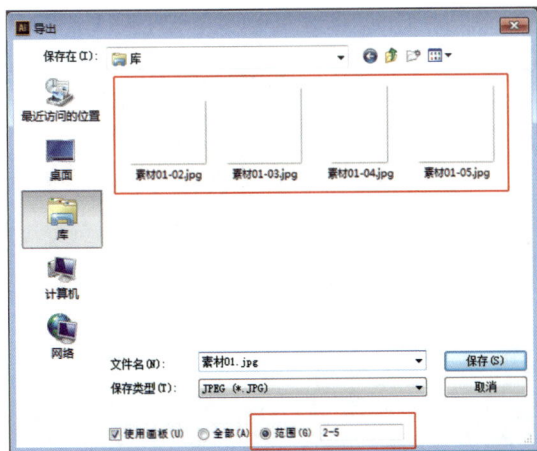

图10-2

第三节 输出为 Flash 文件

Illustrator 可以和 Flash 文件进行无缝对接，新建文档时就可以以 Flash 的页面尺寸及分辨率进行设置，并且设计出的对象可以导出为 Flash【.swf】格式文件。虽然 Illustrator 并非是专门制作动画的软件，但由于其强大的绘图功能，可以为 Flash 动画制作提供高质量的图形对象。

案例：制作简单 Flash 动画

本案例主要讲解通过对象转换图层的形式设计倒计时数字，并导成 Flash【.swf】格式生成动画，最终效果如图10-5所示。（素材文件存放位置：案例素材/第十章/案例: Flash 数字 .ai 和案例：Flash 数字 .swf）

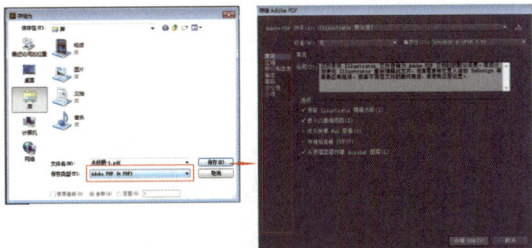

图10-3

图 10-5

具体操作步骤如下：

1. 按下【Ctrl+N】键，新建一个大小为【320px×240px】，颜色模式设置为 RGB，分辨率设置为 72 像素的文档，命名为"Flash 数字"，如图 10-6 所示。

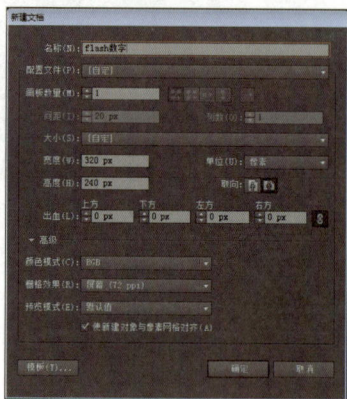

图 10-6

2. 使用工具箱中的【矩形工具】，按住【Shift】键，在页面中点击鼠标左键拖出一个正方形路径，执行【对象—路径—分割为网格】命令，在弹出的对话框中设置相应的数值，如图 10-7所示。

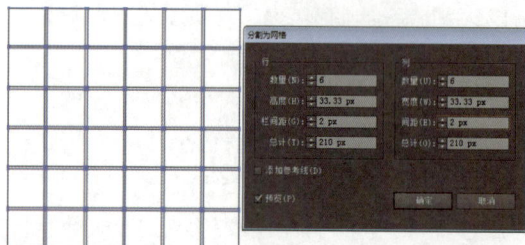

图 10-7

3. 适当调整路径大小，为路径填充颜色，如图 10-8 所示。

图 10-8

4. 按住【Alt】键，将创建的网格对象整体移动并复制，按下【Ctrl+D】键，执行【反复复制】命令，并分别为其填充相应的颜色，使图案组成相应数字，如图 10-9 所示。

图 10-9

5. 分别将创建的数字色块群组，然后全部选中对齐到画板中央（数字必须按从小到大进行排列），在【图层】调板中的子菜单中选择【释放到图层（顺序）】命令，如图 10-10 所示。

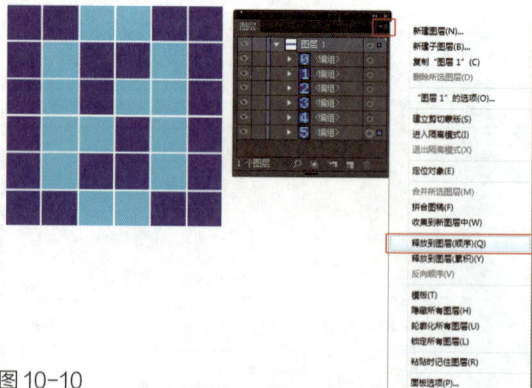

图 10-10

6. 释放后的效果如图 10-11 所示。

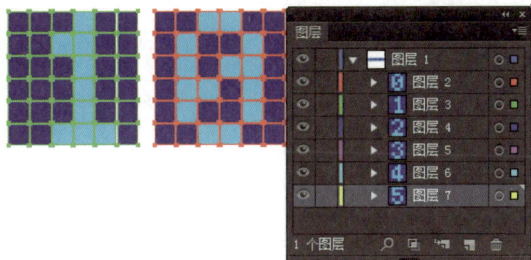

图 10-11

7. 执行【文件—导出】命令导出动画，在弹出的【导出】对话框中选择导出格式为 Flash【.swf】格式，如图 10-12 所示。

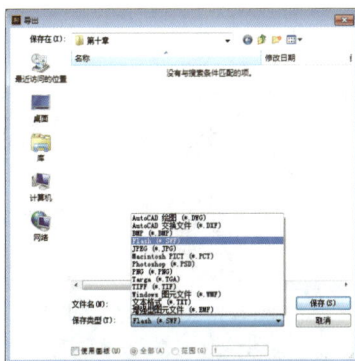

图 10-12

8. 在弹出的对话框中，设置导出为【.ai 图层到 swf 帧】，再点击高级按钮将帧速率设置为 1 帧 / 秒，图层顺序设置为从下往上等，点击【确定】按钮，就完成了 Flash 数字动画的制作，如图 10-13 所示。

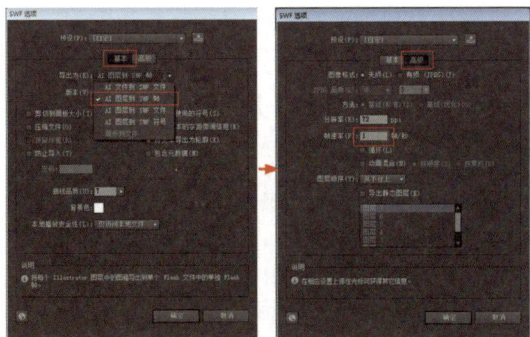

图 10-13

第四节 打印

执行【文件—打印】命令，在打开的【打印】对话框中预览打印效果，还可以对打印的相关选项进行管理和设置，包括选择打印机、打印份数、大小纸张、色彩管理、缩放等，如图 10-14 所示。

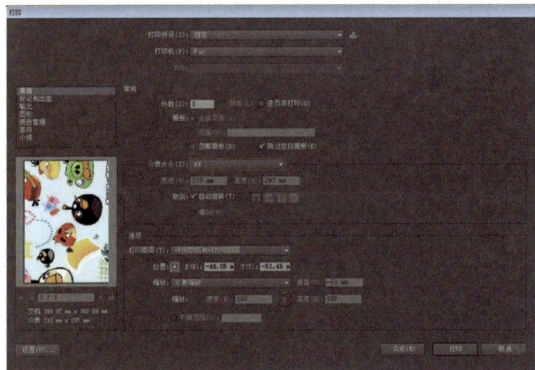

图 10-14

案例：制作宣传册的文件设置规范

本案例主要讲解设计 16 开 8 页宣传册的前期文档设置及页面规范所需要掌握的相关知识，是设计出版物与 Indesign CS6 无缝链接和交换文件的时候所必备的知识，最终效果如图 10-15 所示。（素材文件存放位置：案例素材 / 第十章 / 案例：制作宣传册的文件设置规范 .ai）

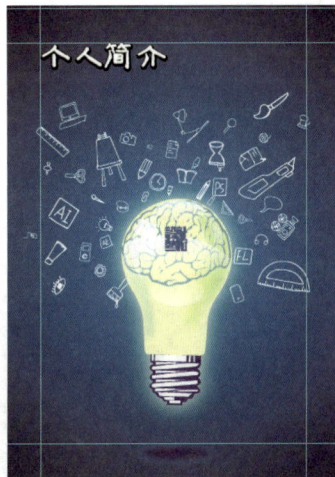

图 10-15

具体操作步骤如下：

1. 按下【Ctrl+N】键或执行【文件—新建】命令，在弹出的对话框中输入名称【个人宣传册】，画板数量设置为6，选择【垂直排序】按钮，将宽度和高度设置为【210mm×285mm】（这是大度16开的成品尺寸）、在取向按钮中单击【竖向】，四个边出血分别设置为3mm，颜色模式选择 CMYK 模式（四色印刷必需的颜色），栅格效果选择300像素，单击【确定】按钮，为此宣传册新建页面，如图10-16所示。

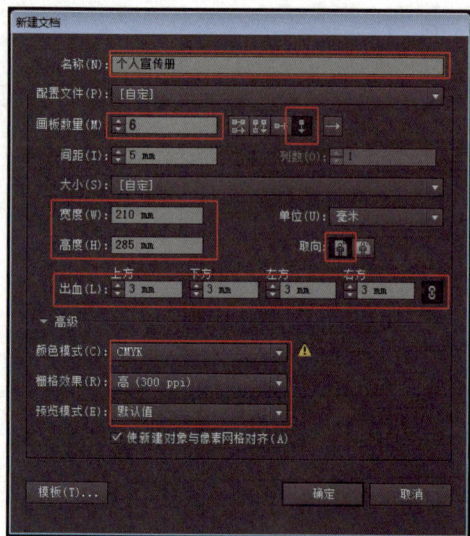

图10-16

2. 下面对页面进行修改，单击属性栏内的【文档设置】按钮，在弹出的对话框中点击【编辑画板】按钮，如图10-17所示。

3. 修改画板尺寸，使用工具箱中的【画板工具】选中第一个画板，在属性栏中将宽设置为420mm，其他保持不变，如图10-18所示。

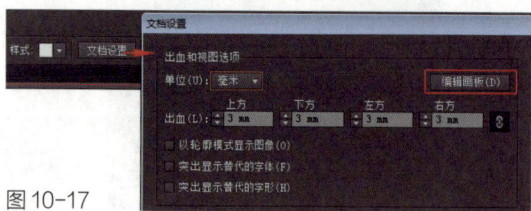

图10-17

图10-18

4. 执行【窗口—图层】命令，在打开的【图层】调板中单击下方的【新建图层】按钮，新建一个图层，把之前的图层重命名为【个人宣传册】和【参考线】图层，如图10-19所示。

图10-19

5. 单击并选中【参考线】图层，按下【Ctrl+R】键或执行【视图—标尺—显示标尺】命令，打开标尺。按下【Ctrl+U】键或执行【视图—智能参考线】命令，使用【选择工具】从标尺的左侧按住鼠标左键拖出一条参考线到画板边缘位置后释放鼠标，如图10-20所示。

6. 选中参考线，按下【Enter】键，在打开的【移动】面板中将水平和距离设置为21mm，它表示参考线与画板边缘距离，单击【复制】按钮，复制出一条参考线，如图10-21所示。

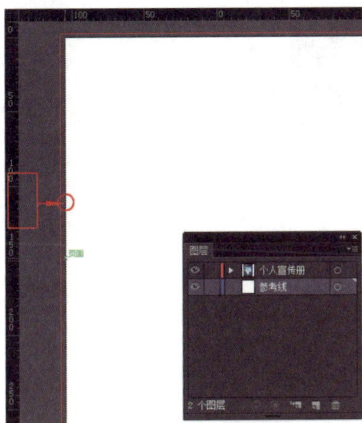

图 10-20

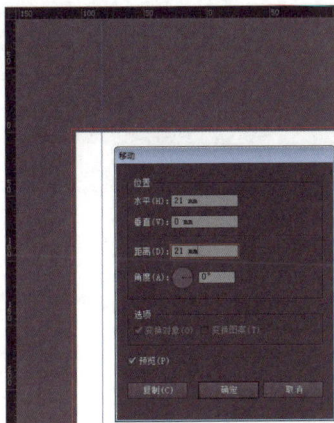

图 10-21

图 10-22

图 10-23

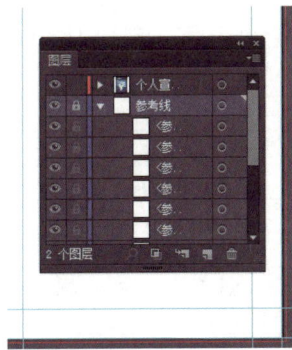

图 10-24

图 10-25

7.复制出的参考线在各页面中的对齐效果，如图 10-22 所示。

8.按照此方法将封面和封底的参考线一并复制出来，如图 10-23 所示。

9.复制完毕后，单击【图层】调板的【锁定】按钮，将参考线图层及子图层锁定，如图 10-24 所示。

10.选中【图层】调板中的【个人宣传册】图层，所有的图像及文字都在这个图层中进行编辑，如图 10-25 所示。

11.将封面、封底及内页按顺序进行图文处理，因为已经定义了参考线，编排文字的时候就具有了框架，如图 10-26 所示。

12.封面和封底到此就制作完成了。

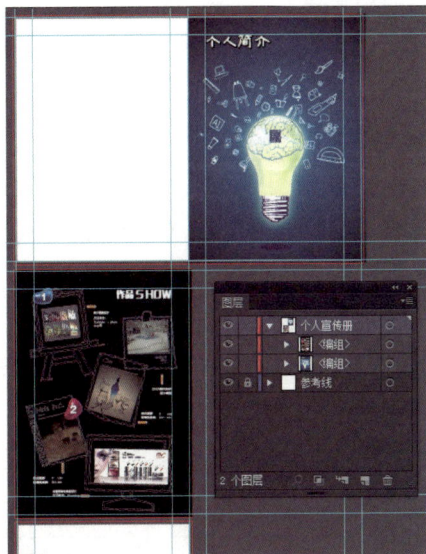

图 10-26

工具箱	
（多种工具共用一个快捷键的，可同时按【Shift】加此快捷键选取，当按下【Caps Lock】键时可直接用此快捷键切换）	
【移动工具】	【V】
【直接选取工具】、【组选取工具】	【A】
钢笔工具、添加锚点、删除锚点、改变路径角度	【P】
【添加锚点工具】	【+】
【删除锚点工具】	【－】
【文字工具】、【区域文字工具】、【路径文字工具】、【竖向文字工具】、【竖向区域文字工具】、【竖向路径文字工具】	【T】
【椭圆工具】、【多边形工具】、【星形工具】、【螺旋形工具】	【L】
增加边数、倒角半径及螺旋圈数，在【L】【M】状态下绘图	【↑】
减少边数、倒角半径及螺旋圈数，在【L】【M】状态下绘图	【↓】
【矩形工具】、【圆角矩形工具】	【M】
【画笔工具】	【B】
【铅笔工具】、【圆滑工具】、【抹除工具】	【N】
【旋转工具】、【转动工具】	【R】
【缩放工具】、【拉伸工具】	【S】
【镜像工具】、【倾斜工具】	【O】
【自由变形工具】	【E】
【混合工具】、【自动勾边工具】	【W】
【图表工具】	【J】
【渐变网点工具】	【U】
【渐变填色工具】	【G】
【颜色取样器】	【I】
【油漆桶工具】	【K】
【剪刀工具】、【刻刀工具】	【C】
【视图平移、页面、尺寸工具】	【H】
【放大镜工具】	【Z】
默认前景色和背景色	【D】
切换填充和描边	【X】

标准屏幕模式、带有菜单栏的全屏模式、全屏模式	【F】
切换为颜色填充	【<】
切换为渐变填充	【>】
切换为无填充	【/】
【临时使用抓手工具】	【空格】
精确进行镜向、旋转等操作，选择相应的工具	【Enter】
复制物体，在【R】【O】【V】等状态下	【Alt】+【拖动】

文件操作	
新建图形文件	【Ctrl】+【N】
打开已有的图像	【Ctrl】+【O】
关闭当前图像	【Ctrl】+【W】
保存当前图像	【Ctrl】+【S】
另存为……	【Ctrl】+【Shift】+【S】
存储副本	【Ctrl】+【Alt】+【S】
页面设置	【Ctrl】+【Shift】+【P】
文档设置	【Ctrl】+【Alt】+【P】
打印	【Ctrl】+【P】
打开【预置】对话框	【Ctrl】+【K】
回复到上次存盘之前的状态	【F12】

编辑操作	
还原前面的操作（步数可在预置中）	【Ctrl】+【Z】
重复操作	【Ctrl】+【Shift】+【Z】
将选取的内容剪切放到剪贴板	【Ctrl】+【X】或【F2】
将选取的内容拷贝放到剪贴板	【Ctrl】+【C】
将剪贴板的内容粘到当前图形中	【Ctrl】+【V】或【F4】
将剪贴板的内容粘到最前面	【Ctrl】+【F】
将剪贴板的内容粘到最后面	【Ctrl】+【B】
删除所选对象	【Delete】
选取全部对象	【Ctrl】+【A】
取消选择	【Ctrl】+【Shift】+【A】
再次转换	【Ctrl】+【D】
发送到最前面	【Ctrl】+【Shift】+【]】
向前发送	【Ctrl】+【]】
发送到最后面	【Ctrl】+【Shift】+【[】
向后发送	【Ctrl】+【[】
群组所选物体	【Ctrl】+【G】
取消所选物体的群组	【Ctrl】+【Shift】+【G】
锁定所选的物体	【Ctrl】+【2】
锁定没有选择的物体	【Ctrl】+【Alt】+【Shift】+【2】
全部解除锁定	【Ctrl】+【Alt】+【2】
隐藏所选物体	【Ctrl】+【3】

隐藏没有选择的物体	【Ctrl】+【Alt】+【Shift】+【3】
显示所有已隐藏的物体	【Ctrl】+【Alt】+【3】
连接断开的路径	【Ctrl】+【J】
对齐路径点	【Ctrl】+【Alt】+【J】
调和两个物体	【Ctrl】+【Alt】+【B】
取消调和	【Ctrl】+【Alt】+【Shift】+【B】
调和选项	选【W】后按【Enter】
新建一个图像遮罩	【Ctrl】+【7】
取消图像遮罩	【Ctrl】+【Alt】+【7】
联合路径	【Ctrl】+【8】
取消联合	【Ctrl】+【Alt】+【8】
图表类型	选【J】后按【Enter】
再次应用最后一次使用的滤镜	【Ctrl】+【E】
应用最后使用的滤镜并调节参数	【Ctrl】+【Alt】+【E】

文字处理	
文字左对齐或顶对齐	【Ctrl】+【Shift】+【L】
文字中对齐	【Ctrl】+【Shift】+【C】
文字右对齐或底对齐	【Ctrl】+【Shift】+【R】
文字分散对齐	【Ctrl】+【Shift】+【J】
插入一个软回车	【Shift】+【Enter】
精确输入字距调整值	【Ctrl】+【Alt】+【K】
将字距设置为 0	【Ctrl】+【Shift】+【Q】
将字体宽高比还原为 1:1	【Ctrl】+【Shift】+【X】
左 / 右选择 1 个字符	【Shift】+【←】/【→】
下 / 上选择 1 行	【Shift】+【↑】/【↓】
选择所有字符	【Ctrl】+【A】
选择从插入点到鼠标点按点的字符	【Shift】
加点按 左 / 右移动 1 个字符	【←】/【→】
下 / 上移动 1 行	【↑】/【↓】
左 / 右移动 1 个字	【Ctrl】+【←】/【→】
将所选文本的文字大小减小 2 点像素	【Ctrl】+【Shift】+【<】
将所选文本的文字大小增大 2 点像素	【Ctrl】+【Shift】+【>】
将所选文本的文字大小减小 10 点像素	【Ctrl】+【Alt】+【Shift】+【<】
将所选文本的文字大小增大 10 点像素	【Ctrl】+【Alt】+【Shift】+【>】
将行距减小 2 点像素	【Alt】+【↓】
将行距增大 2 点像素	【Alt】+【↑】
将基线位移减小 2 点像素	【Shift】+【Alt】+【↓】
将基线位移增加 2 点像素	【Shift】+【Alt】+【↑】
将字距微调或字距调整减小 20/1000ems	【Alt】+【←】
将字距微调或字距调整增加 20/1000ems	【Alt】+【→】
将字距微调或字距调整减小 100/1000ems	【Ctrl】+【Alt】+【←】

将字距微调或字距调整增加 100/1000ems	【Ctrl】+【Alt】+【→】
光标移到最前面	【Home】
光标移到最后面	【End】
选择到最前面	【Shift】+【Home】
选择到最后面	【Shift】+【End】
将文字转换成路径	【Ctrl】+【Shift】+【O】

视图操作	
将图像显示为边框模式 (切换)	【Ctrl】+【Y】
对所选对象生成预览 (在边框模式中)	【Ctrl】+【Shift】+【Y】
放大视图	【Ctrl】+【+】
缩小视图	【Ctrl】+【-】
放大到页面大小	【Ctrl】+【O】
实际像素显示	【Ctrl】+【1】
显示 / 隐藏所路径的控制点	【Ctrl】+【H】
隐藏模板	【Ctrl】+【Shift】+【W】
显示 / 隐藏标尺	【Ctrl】+【R】
显示 / 隐藏参考线	【Ctrl】+【;】
锁定 / 解锁参考线	【Ctrl】+【Alt】+【;】
将所选对象变成参考线	【Ctrl】+【5】
将变成参考线的物体还原	【Ctrl】+【Alt】+【5】
贴紧参考线	【Ctrl】+【Shift】+【;】
显示 / 隐藏网格	【Ctrl】+【;】
贴紧网格	【Ctrl】+【Shift】+【"】
捕捉到点	【Ctrl】+【Alt】+【"】
应用敏捷参照	【Ctrl】+【U】
显示 / 隐藏【字体】调板	【Ctrl】+【T】
显示 / 隐藏【段落】调板	【Ctrl】+【M】
显示 / 隐藏【制表】调板	【Ctrl】+【Shift】+【T】
显示 / 隐藏【画笔】调板	【F5】
显示 / 隐藏【颜色】调板	【F6】/【Ctrl】+【I】
显示 / 隐藏【图层】调板	【F7】
显示 / 隐藏【信息】调板	【F8】
显示 / 隐藏【渐变】调板	【F9】
显示 / 隐藏【描边】调板	【F10】
显示 / 隐藏【属性】调板	【F11】
显示 / 隐藏所有命令调板	【Tab】
显示或隐藏工具箱以外的所有调板	【Shift】+【Tab】
选择最后一次使用过的面板	【Ctrl】+【~】

后记

本书是"当代图形图像设计与表现丛书"的一种，是现阶段国内高校图形图像设计与表现课程教学用书。

Illustrator 一直以来是设计专业的重要课程之一，实用性极强。本书在大量课堂教学案例的收集中展开，编者长期的积累及教学经验在本书中得到体现。本书突出实用性和针对性，兼顾课堂教学和自学两种学习方法，书中选取的案例具有代表性、多样化等特点。有相当多现阶段图像设计方面新的认识和知识点，并加以重点论述。

在编撰过程中，编者对多年来积累的大量相关案例、技巧、方法等进行重新梳理，获益良多。出于多年来对 Adobe Illustrator 的探索和体会，本书尽量做到基础、全面、科学、创新、实践。

由衷感谢为本书的编写提供帮助的各位同仁及朋友。感谢参与此书编辑、出版、发行的各位工作人员。